越吃越有味

一学就会的
筋道面条

主编◎张云甫　　编写◎工作室　圆猪猪

U0219320

青岛出版社
QINGDAO PUBLISHING HOUSE

用爱做好菜 用心烹佳肴

不忘初心，继续前行。

将时间拨回到 2002 年，青岛出版社"爱心家肴"品牌悄然面世。

在编辑团队的精心打造下，一套采用铜版纸、四色彩印、内容丰富实用的美食书被推向了市场。宛如一枚石子投入了平静的湖面，从一开始激起层层涟漪，到"蝴蝶效应"般兴起惊天骇浪，青岛出版社在美食出版领域的"江湖地位"迅速确立。随着现象级畅销书《新编家常菜谱》在全国摧枯拉朽般热销，青版图书引领美食出版全面进入彩色印刷时代。

市场的积极反馈让我们备受鼓舞，让我们也更加坚定了贴近读者、做读者最想要的美食图书的信念。为读者奉献兼具实用性、欣赏性的图书，成为我们不懈的追求。

时间来到 2017 年，"爱心家肴"品牌迎来了第十五个年头，"爱心家肴"的内涵和外延也在时光的砥砺中，愈加成熟，愈加壮大。

一方面，"爱心家肴"系列保持着一如既往的高品质；另一方面，在内容、版式上也越来越"接地气"。在内容上，更加注重健康实用；在版式上，努力做到时尚大方；在图片上，要求精益求精；在表述上，更倾向于分步详解、化繁为简，让读者快速上手、步步进阶，缩短您与幸福的距离。

2017 年，凝结着我们更多期盼与梦想的"爱心家肴"新鲜出炉了，希望能给您的生活带来温暖和幸福。

2017 版的"爱心家肴"系列，共 20 个品种，分为"好吃易做家常菜""美味新生活""越吃越有味"三个小单元。按菜式、食材等不同维度进行归类，收录的菜品款款色香味俱全，让人有马上动手试一试的冲动。各种烹饪技法一应俱全，能满足全家人对各种口味的需求。

书中绝大部分菜品都配有 3~12 张步骤图演示，便于您一步一步动手实践。另外，部分菜品配有精致的二维码视频，真正做到好吃不难做。通过这些图文并茂的佳肴，我们想传递一种理念，那就是自己做的美味吃起来更放心，在家里吃到的菜肴让人感觉更温馨。

爱心家肴，用爱做好菜，用心烹佳肴。

由于时间仓促，书中难免存在错讹之处，还请广大读者批评指正。

美食生活工作室

2017 年 12 月于青岛

目录
Contents

第一章 制作面条
基本知识

第二章
清淡面条
养生佳品

第三章
肉香浓郁
解馋营养

第四章

水产面条
鲜味扑鼻

本书经典菜肴的视频二维码

翡翠面片
（图文见 19 页）

番茄意大利面
（图文见 97 页）

第一章

制作面条 基本知识

做一碗筋道的面条，

并不难，

但也并不简单。

和面，

讲究软硬适中，

盆、手、面要"三光"。

煮面条，

要掌握好时间和火候。

一起学习怎么做出好吃的面条吧！

1. 从认识面粉开始

在开始之前，我们先来认识一下制作面条所需的常用用料。

粉类原料

➡ 面粉：

面粉即用小麦磨出来的粉，分为高筋面粉、中筋面粉和低筋面粉，它们是我们在厨房中比较常用的三种面粉。

面粉的筋度，指的就是面粉中所含蛋白质的比例，具体为：

高筋面粉 蛋白质含量为12.5%~13.5%，常用来做面包、面条、烙饼等。高筋面粉的筋度较高。

中筋面粉 蛋白质含量为8.5%~12.5%，是市场上最常见的面粉，适合用来做各种家常面食，如馒头、包子、面条、饼等。

低筋面粉 蛋白质含量在8.5%以下，常用来做蛋糕或各类小点心（酥皮点心要用到高筋面粉和低筋面粉）。

➡ 米粉：

米粉是指用米磨成的粉。根据米的种类的不同，常用的米粉有：

糯米粉 分为普通糯米粉和水磨糯米粉。普通糯米粉是将糯米用机器研磨成粉末，类似面粉，粉质较粗；水磨糯米粉是将糯米浸泡一夜，水磨打成浆水，用一个布袋装着吊一个晚上，待水滴干了，把湿的糯米粉团掰碎晾干后即成，水磨糯米粉粉质细腻润滑。糯米粉在北方也叫江米粉或黏米粉，适合用来做汤圆、年糕、驴打滚和油煎类中式点心等。

粘米粉 用普通大米磨成的粉，黏性不如糯米粉，适合做蒸类的中式点心，如松糕、发糕、米糕等。

紫米粉 用紫米磨成的粉。面粉中可以适当添加紫米粉做馒头、花卷、米糕等。

黑米粉 用黑米磨成的粉。面粉中可以适当添加黑米粉做馒头或者花卷等。

高筋面粉　　　　　　中筋面粉

低筋面粉

糯米粉　　　　　　粘米粉

⊃ 生粉：

生粉是各种淀粉的总称，在北方被称作团粉，在上海被称作菱粉。做菜肴时主要用来勾芡、上浆，做小点心有时也会用到生粉。生粉在做面食时可以用来做薄面，比如擀面条时撒薄面可以防粘；生粉还可以作为面粉筋性的调节剂，比如在面粉中加入适量生粉就可以配制成低筋面粉，低筋面粉可以用于制作蛋糕、饼干等点心。

淀粉的主要种类有：

绿豆淀粉 最佳的勾芡淀粉。它的特点是黏性足，吸水性小，色洁白而有光泽。

土豆淀粉 家庭用得最多、质量最稳定的勾芡淀粉，在有些地方也叫太白粉。特点是黏性足，质地细腻，色洁白，光泽优于绿豆淀粉，但吸水性差。

玉米淀粉 供应量最多的淀粉，但不如土豆淀粉性能好。面食中主要用来做薄面或者调配面粉的筋性使用。

小麦淀粉 也叫澄粉、澄面。它是将面粉加工洗去面筋成水粉，再经过沉淀，滤干水分，把沉淀的粉晒干后研细的粉料。澄粉的特点是色洁白、面细滑，做出的面点半透明而脆。一般做水晶透明的中式点心时用，如水晶冰皮月饼、水晶虾饺、粤式肠粉等。

红薯淀粉 也叫地瓜淀粉、山芋淀粉，特点是吸水能力强，但黏性较差，无光泽，色暗红带黑，由鲜薯经磨碎、揉洗、沉淀等工序加工而成。

玉米淀粉

小米淀粉

红薯淀粉

木薯淀粉

发酵剂和膨松剂

⊃ 发酵剂：

普通家庭一般使用鲜酵母、活性干酵母、老面作为发酵剂来发面。

鲜酵母 用鲜酵母发面做出的面点香味浓郁。鲜酵母可以切成小块，用保鲜袋封好放在冰箱中冷冻保存。

使用方法：鲜酵母在使用前要用水化开，不能直接使用。

鲜酵母与面粉的配制比例：发面面团一般是每1000克面粉加入12克左右鲜酵母。鲜酵母的量要根据季节的不同适当调整，夏天可以少放些，冬天可以多放些。

活性干酵母 用酿酒酵母生产的含水分8%左右、呈颗粒状、具有发面能力的干酵母，是采用具有耐干燥能力、发酵力稳定的酵母经培养得到新酵母，再经干燥和挤压成型而制成的。

使用方法：酵母先用水化开，再倒入面粉中。

活性干酵母与面粉的比例：一般每1000克面粉加8克左右活性干酵母。

老面 就是把上一次做发面制品的面团留一块，用作下一次面团发酵的媒介。老面发面法做出的面点成品香味浓郁，生坯不用二次醒发即可直接上锅，但是因为发酵过程中面团会产生酸味，需要对入碱水来中和，而碱水的用量要根据面团的发酵程度而定，这个主要凭经验，难以量化，比较难掌握，不建议初学者采用此方法来发酵面团。

老面与面粉的配比：根据所做面食的不同而不同，例如做馒头和包子时，一般为1000克左右的面粉用100克老面。老面放得多，发酵时间相对就短，老面放得少，发酵时间则相对延长。

鲜酵母　　　活性干酵母　　　　老面

根据经验，用老面发酵好的面团对好碱以后，可取一小块黄豆粒大小的面团放在口中嚼一下，如果有微甜的感觉，说明碱量正好；如果感到有酸的味道，说明碱水放少了，可以在面团中再放些碱水来调节；如果有很重的碱味，说明碱水放多了，就要再醒发一段时间，让酵母菌再重新生长。

➔ 膨松剂：

制作面点常用的化学膨松剂有泡打粉、小苏打、明矾、臭粉等，下面一一说明。

泡打粉 泡打粉又称速发粉、泡大粉、蛋糕发粉、发酵粉，是由苏打粉配合其他酸性材料，并以玉米粉为填充剂的白色粉末。英文名BAKING POWDER，简称B.P.，是西点膨大剂的一种，经常用于蛋糕及西饼的制作。

泡打粉的分类：根据反应速度的不同，可分为慢速反应泡打粉、快速反应泡打粉、双重反应泡打粉。快速反应的泡打粉在溶于水时即开始起作用，而慢速反应的泡打粉则要在烘焙加热过程开始时才起作用，双重反应泡打粉兼有快速及慢速两种泡打粉的反应特性。市面上所采购的泡打粉多为双重反应泡打粉。

泡打粉和苏打粉不能互相替代：泡打粉虽然有苏打粉的成分，但是是经过精密检测后加入酸性粉（如塔塔粉）来平衡它的酸碱度的，所以，苏打粉是碱性粉，但市售的泡打粉是中性粉。因此，苏打粉和泡打粉是不能任意替换的，泡打粉在保存时也应尽量避免受潮而失效。

泡打粉　　　　　　　　小苏打

小苏打 小苏打就是碳酸氢钠，俗称小苏打、苏打粉，呈白色粉末状。碳酸氢钠固体在50℃以上开始逐渐分解生成碳酸钠、水和二氧化碳气体，常利用此特性作为制作饼干、糕点、馒头、面包的膨松剂。碳酸氢钠在作用后会残留碳酸钠，使用过多会使成品有碱味。

明矾 钾明矾学名十二水合硫酸铝钾，又称明矾、白矾、钾矾、钾铝矾。炸油条（饼）或膨化食品时，在面粉里加入小苏打后，再加入明矾，会使等量的小苏打释放出比单放小苏打多一倍的二氧化碳，从而达到膨松的效果。常用来做油条、粉丝、米粉等食品生产的添加剂。

健康使用明矾：近年来发现，明矾中含有的铝对人体有害，现已被医学证明，长期摄入会导致骨质疏松、贫血，影响神经细胞的发育，甚至引起老年性痴呆症，所以不宜经常食用。

臭粉 学名碳酸氢铵。臭粉在加热或酸性条件下会分解成水、氨气和二氧化碳气体。由于快速释放，氨气在成品里残留很少，通常不会在成品里尝出氨味。臭粉一般用在油炸或烘焙食品（例如用在桃酥、油条等制品）中，这样氨气在高温下易于挥发。在正常情况下，这种添加剂对人体不会有不利影响，但含量不宜过高。

2. 认识面团

在开始制作面条前，我们需要了解一些关于面团的基本知识。

和面的讲究

做任何一类面点主食，最基础的工作就是和面和揉面，面揉得好，面食制作就成功了一大半。

● 和面讲究"三光"：

和面讲究"三光"，即"盆光、手光、面光"，也就是和好面以后面盆和双手不能粘很多的面，要尽量做到干干净净，面团要光滑均匀。要做到这三点也不难，和面的时候可以边用筷子搅拌面粉边加水，及时把粘在盆边和盆底的面擦下来，待面粉成雪花状的小面团、盆底没有干面粉时，再用手将粉团揉成面团，盖湿布松弛10分钟，再次揉匀，这时面团就变得很光滑了。

● 面团的软硬度：

	面粉	水	软硬度	用途
			面团的软硬度由面粉和水的比例决定	
1	10	2~3	硬面团	用压面机来制作面条或馄饨皮
2	10	4	较硬面团	手擀面、手擀馄饨皮
3	10	5~6	软硬适中面团	做馒头、包子或者包饺子
4	10	10左右	软面团	摊煎饼

● 和面用水所需的温度：

和面时，通常秋冬季较冷时用温水，春夏季较热时用凉水。在本书中，和面用水均为清水，读者在实际操作中应根据室温灵活掌握和面用水的温度。只要室温能保持在20℃以上，即可以用凉水和面，如果为了加快发酵速度，也可以用温水；低于20℃时，宜用温水和面，水温为35~40℃。

● 面团的醒发时间：

发面面团通常要醒发2~3小时（具体的时间由发酵的环境及温度而定），冷水面团、烫面面团通常需醒发12~20分钟，根据室温和季节的不同时间上会稍有差异。最佳的发酵温度为30℃。

注意：我们常常会看到面团的发酵有时候说"醒发"，有时候说"松弛"，它们实际上都是一个意思。

如何做面条

我国南北方的面条有很大的区别。南方的"面"所用原料以蛋面为主，用鸭蛋黄而非鸡蛋，面质爽口弹牙。北方的"面"则指以小麦磨成的粉，面条多不用蛋而代之以碱水。加入碱水能令面条变得更加容易消化，故面条是北方人的主食之一。本书所说的面条是广义的，除了日常所说的面粉做的面条，也包含米线、面片以及西式面条，以丰富图书内容。

面条的和面方法

面条是用不经过发酵的面团做成的。这种面，俗称"死面"，富于韧性和弹性，吃起来有咬劲。"死面"做的半成品可用来蒸、煮、烧。调制"死面"的方法要领如下：

用冷水和面：一般500克面粉掺水250毫升。在和面时，如果发现面没有劲、粘手、易断，可在面中掺入少量的盐水以调节黏度，增加面的弹性。这样做出的面条成品颜色洁白，吃口好。

用开水和面：和面时，用开水将50%以上的面粉烫熟。一般是500克面粉加约350毫升开水，掺水要分几次进行，水量要掌握好。

巧煮面条

煮面条的关键在于根据面条特点掌握好火候和下面条的时间。

煮机制湿切面和家庭现擀的面条，应用旺火将水烧开，然后再下面，用筷子把刚下的面条挑散，以防面条粘连，再用旺火催开。煮这种面条，锅开两次，淋两次冷水，即可捞出食用。

煮湿面一定要用旺火，否则温度不够高，面条表面不易形成黏膜，面条就会溶化在水里。

煮干切面、卷子面时，不宜用旺火。因这样的面条本身就很干，若在水大开时下面，面条表面会形成黏膜，且水分不容易往里渗入，热量也不易向里导入，煮出的面条会出现粘连、硬心现象。应用中火煮，随开随放些冷水，使面条受热均匀，煮好后不会有硬心，也不会粘连。

怎样煮手擀面好吃

水滚开时在锅内撒点盐，再下入面条，用筷子轻轻拨动几下，以防结成块或粘到锅底上，然后用旺火煮，使水温迅速升高，在面条表面形成一层黏膜。这样煮好的面条不发黏，不并条，汤水清亮，软硬适口。手擀面要用旺火煮，锅开两次，点两次水就熟了。

第二章

清淡面条 养生佳品

用清淡菜做配菜，

做出的面条，

口味清淡，

营养却并不少。

西红柿鸡蛋面是经典之作。

芝麻酱拌面，

满口溢香。

蒸面条

制作时间
25分钟

难易度
★★

做法

① 将面条入沸水中煮熟。

② 菠菜洗净，切小段。

③ 鸡蛋打入碗内，加入肉汤、盐搅打均匀，再放入面条、菠菜，上笼用中火蒸约10分钟，食用时淋入香油即成。

主料

面条	500克
鸡蛋	3个
菠菜	50克

调料

香油、盐、肉汤	各适量

素拌面

制作时间
30分钟

难易度
★★

主料

面粉	300克
菠菜	100克
榨菜	50克

调料

盐、香油、酱油、辣椒油、
葱末、芝麻各适量

做法

① 面粉加水和成面团，用擀面杖擀成薄面片，切成面条，煮熟，盛入碗中。

② 菠菜择洗干净，切段，入沸水中烫熟，捞出沥水。榨菜切末。

③ 将榨菜末、葱末、菠菜段放入面条碗中。

④ 芝麻、酱油、盐、辣椒油、香油对汁，浇在面条上即成。

杨凌蘸水面

制作时间 40分钟　难易度 ★★★

面条材料

饺子面粉	300克
清水	140克
盐	1/2小匙
青菜	2棵

蒜油材料

大蒜	10瓣
辣椒面	1小匙
盐	1/2小匙
植物油	2大匙

汤材料

花椒	10颗
番茄	2个
鸡蛋	2个
水发木耳	2朵
香葱段、姜片	适量
盐	1/2小匙
鸡精	1/2小匙
醋	1.5大匙
白胡椒粉	1/8小匙

面条做法

① 将盐加清水溶化，倒入面粉中。用筷子搅拌成雪花状，用手和成面团。和好的面团应表面光滑，软硬度如饺子皮。

② 将面团搓成长条状，均匀地切成小段。在面团的两头抹上油，放在盘子上，表面盖上保鲜膜，松弛20分钟。

③ 烧开一锅水。把面团擀扁，用两手各拽面团一头，将面条拉长、拉薄。

④ 拉一根面条就往开水锅里放一根，水开后往锅里加一碗冷水。加入青菜煮熟即可。

蒜油做法

① 大蒜剁碎，加入辣椒面、盐拌匀。

② 锅内烧热2大匙油，趁热淋在碗内

③ 搅拌均匀即为蒜油。

汤做法

① 木耳撕成小朵，生姜切片，番茄切块，香葱切段，鸡蛋打散成蛋液。

② 炒锅放油烧热，加入香葱、生姜、番茄，炒至番茄软烂。

③ 加入清水500毫升，放入黑木耳、花椒、盐、醋煮开。

④ 淋鸡蛋液，撒胡椒粉，熄火。取一些蒜油放入汤内，捞入煮好的面条和青菜即可食用。

手擀绿豆凉面

制作时间 35 分钟

难易度 ★★★

主料A

绿豆面	50克
面粉	250克
小白菜	200克
清水	130克

主料B

油炸花生碎、黄豆、芝麻、豆腐丁、南瓜子	各适量

调料A

大蒜	20克
大葱	50克
生姜	10克

调料B

花椒	3克
八角	3克
桂皮	2克

调料C

盐	1茶匙
白糖	1茶匙
味极鲜酱油	1大匙
米醋	2茶匙

调料D

味精、盐	各1/2茶匙
植物油	4大匙
辣椒油	2茶匙
香油	1茶匙

做法

① 把绿豆面和面粉放入面盆中混合均匀。分次加入130克清水，边加边搅拌，揉搓成面团，盖湿布醒发15分钟。

② 醒好的面团再次揉匀，放到撒了薄面的案板上，用擀面杖擀成饼状。

③ 用擀面杖将面饼卷起来，用手按压擀卷几次。打开面片，撒一层薄面，换方向再次按压擀卷，直到成厚薄均匀的面片。

④ 将擀好的面片折叠成长条状，用刀切成宽窄一致的面条。放到帘子上备用。

⑤ 大葱切段，大蒜、生姜切片，桂皮用手掰成小块。

⑥ 锅入油，烧至四成热，放入调料B略炸，再放入调料A。

⑦ 小火炸至蒜片微黄、香气四溢时关火，盛入碗中，成复合油，备用。

⑧ 另起一锅，放入足量的水烧开，放入小白菜烫至变色，捞出过凉。

⑨ 过凉的白菜捞出，沥干水分，切成小段，加盐、香油、味精拌匀调味。

⑩ 将锅内的水再次烧开，放入擀好的面条煮至面条浮起，捞出。

⑪ 面条用冷水快速过凉，沥干水分后先用3/2汤勺复合油拌匀。

⑫ 再加调料C、调好味的小白菜、辣椒油及原料B拌匀即可。

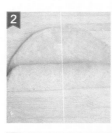

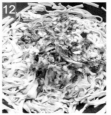

翡翠面片

制作时间 40分钟

难易度 ★★★

主料

面粉	200克
菠菜汁	102克
盐	2克
淀粉	适量
中等大小胡萝卜	1个
水发木耳	50克

调料

葱花、姜丝	各适量
生抽	1/2茶匙
盐	1茶匙
香油	1/2茶匙

做法

① 菠菜洗净，入沸水焯烫1分钟，捞出过凉，稍挤水分，放进搅拌机，加水，打成菠菜汁。

② 面粉中加入盐和匀，倒入菠菜汁，揉成光滑偏硬的面团，覆盖保鲜膜，静置使其松弛。

③ 案板上撒淀粉，将松弛过的面团先擀开，再卷在擀面杖上。推擀成薄面皮儿，最后再铺撒一薄层淀粉。

④ 将面皮卷在擀面杖上。用刀将面皮在擀面杖上划开。撤掉擀面杖，将面片顺长一切为二，再改刀切成菱形片。

⑤ 面片摊开，盖干净纱布。胡萝卜洗净。木耳泡发后洗净，撕成小朵。

⑥ 冷冻熟玉米放入蒸锅中，大火将蒸锅烧开，再放入洗净的鸡蛋，转中火蒸7分钟左右。胡萝卜切片。炒锅放油烧热，放入葱花、姜丝炒香。

⑦ 放入胡萝卜片和木耳，调入生抽炒匀。倒入足量的水，烧开。

⑧ 将面片放入锅中（尽量逐片放入防止粘连），煮2~3分钟至汤变稠，调入盐搅匀，关火，淋入香油搅匀。鸡蛋蒸好后快速取出，放入冷水中浸3分钟，取出。玉米取出装盘。面片汤盛入碗中。

贴心提示

· 菠菜从焯烫到打汁，每次得到的成品浓度都不一样，所以用量也不同，最主要是要掌握面团的软硬度，和好的面团要稍硬些为好。

· 面片提前擀开，室温下可以保存1~2天。面片间撒上淀粉，就不会互相粘连。

制作时间 15分钟　　难易度 ★★

主料

面粉	150克
海米	10克
芹菜叶	20克
胡萝卜	10克
鸡蛋	1个

调料

盐	1茶匙
味精	1/2茶匙
胡椒粉	1/4茶匙
葱、姜	各适量

做法

① 面粉中逐渐加入100克清水和成面团，揉匀，盖湿布醒发15分钟。

② 鸡蛋放入清水锅中煮熟。葱、姜切末，胡萝卜切片。海米洗净，用清水浸泡30分钟。

③ 起油锅，爆香葱姜末和胡萝卜片。

④ 放入海米和浸泡海米的水，再加足量的清水大火烧开。

⑤ 醒好的面团再次揉匀，用手蘸清水，把少量面团捏薄。

⑥ 将捏薄的面团揪下来放入锅内，如此反复直到把面团揪完。

⑦ 开大火煮3分钟，加入芹菜叶后关火，加盐、胡椒粉、味精调味。

⑧ 面疙瘩盛入碗中，把煮好的鸡蛋去皮，切成2瓣放入即可。

贴心提示

· 做疙瘩的面团要揉得软一些，这样吃起来才不会太硬而不好消化。

· 揪疙瘩的时候，手上蘸些水会比较容易操作。

空心菜虾油汤面

制作时间
20分钟

难易度
★

主料

鲜面条	150克
空心菜	50克
虾皮	5克
蒜味烤肠	50克

调料

虾油	1大匙
盐	1/2茶匙
味精	1/2茶匙
胡椒粉	1/4茶匙

做法

① 空心菜用手掐成小段，去掉老根，清洗干净。

② 烤肠切片。

③ 面碗中放入虾皮、盐、味精、胡椒粉。

④ 锅内加水，大火烧开，把面条放入煮熟。

⑤ 煮熟的面条捞出放入加好调料的碗中，再放入烫熟的空心菜。

⑥ 最后放入切好的烤肠，加入滚开的清汤，再淋熬好的虾油即可。

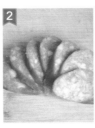

番茄鸡蛋打卤面

制作时间 25分钟

难易度 ★★

主料

韭薹	120克
小番茄	120克
鸡蛋	2个
水发黄花菜	80克
水发黄豆	50克
鲜面条	700克

调料

盐	2茶匙
白糖	1茶匙
胡椒粉	1/2茶匙
味精	1/2茶匙
干淀粉	3/2大匙
酱油	1大匙
葱、蒜	各适量

做法

① 黄花菜择去硬根，切小段；番茄切丁，葱切末，蒜切片；韭薹切小段。

② 起油锅，油温升至六成热时爆香葱、蒜。

③ 放入番茄丁、黄花菜丁、水发黄豆翻炒2分钟。

④ 加足量水大火烧开3分钟。

⑤ 干淀粉用少许清水化开，倒入锅内勾浓芡，加盐、白糖、酱油调味。

⑥ 鸡蛋打入碗中搅打均匀，倒入锅中搅匀成蛋花，再放入韭薹段。

⑦ 加味精、胡椒粉调匀，即成卤子。

⑧ 另起锅加足量水烧开，放入鲜面条煮熟，捞入碗中，浇入卤子即可。

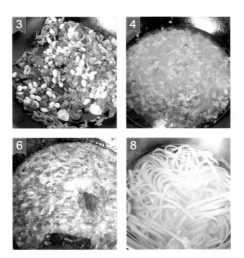

贴心提示

· 因为卤子要用来拌清水面条，所以要调得咸一些。

· 做卤子的时候，芡汁要勾得恰到好处，既不能太稀也不能太浓。

香草番茄笔管面

制作时间
25 分钟

难易度
★★

做法

① 樱桃西红柿、黑橄榄分别从中间切开，备用。

② 面条煮熟，过凉备用。

③ 平底锅中加入橄榄油，待橄榄油热后放入洋葱和大蒜碎炒出香味，之后加入干辣椒和西红柿、黑橄榄、番茄汁大火烧开，把意面放进锅内，煸炒约3分钟，用盐和黑胡椒碎调味。

③ 装入盘中，撒上芝士粉，用罗勒点缀即可。

主料

笔管面	200克
番茄汁	80克
樱桃西红柿	5个
去核黑橄榄	5个
洋葱碎	15克
大蒜碎	10克
干辣椒	3克

调料

橄榄油	15毫升
罗勒	1支
巴马臣芝士粉 、盐、黑胡椒碎	各适量

裙带菜乌冬面

制作时间 25分钟

难易度 ★★

主料

乌冬面	1包
裙带菜	50克
小葱	适量
香菇	2个
海带	少许

调料

味啉、酱油	各3毫升
木鱼素、盐、白胡椒粉各适量	

做法

① 锅内放入清水，烧开后加入裙带菜、香菇、海带和酱油、木鱼素、味啉、白胡椒粉、盐一起煮开，之后放入乌冬面。

② 煮1分钟后装入碗中，撒上小葱即可。

- 乌冬面是最具日本特色的面条之一，与日本的荞麦面、绿茶面并称日本三大面条，是日本料理店不可或缺的主角。

意大利炒面

制作时间 25分钟　难易度 ★★

做法

① 小番茄一切两半，芹菜、青椒、红辣椒切条，洋葱切丝。

② 汤锅下入意大利面煮熟，捞出沥净水分，用花生油拌匀，备用。

③ 炒锅上火，下入花生油烧热，放入洋葱丝煸炒出香味，加番茄酱、酱油、白酒、盐、白糖、胡椒粉、牛肉汤、意大利面略翻炒入味，加小番茄、芹菜、青椒、红辣椒拌匀即可。

主料

意大利面	250克

| 小番茄、芹菜、青椒、红辣椒、洋葱 | 各30克 |

调料

花生油、番茄酱、酱油、白酒、盐、白糖、胡椒粉、牛肉汤　　各适量

松子酱实心面

制作时间
25 分钟

难易度
★★

主料

实心面	200克
香草松子酱	80克
罗勒叶	1支
熟松子	少许

调料

盐、黑胡椒碎	各适量

做法

① 将面条煮熟过凉，备用。

② 平底锅加热后放入香草松子酱，把酱炒出香味放入煮好的面条。

③ 翻炒2分钟加入盐和黑胡椒碎调味。

④ 装入盘中撒上松子，用罗勒点缀即可食用。

青酱拌条面

制作时间 20分钟

难易度 ★

做法

① 在捣臼里放入帕尔玛干酪粉、松子（松子事先烘烤一下，口感更香脆）、去皮的大蒜，一边捣，一边徐徐倒入橄榄油。

② 捣成酱后，加入罗勒叶捣碎，即成青酱。

③ 深锅里加4升水，烧开水后加2汤匙盐、1汤匙油，倒入条面煮熟，捞出控水后拌上青酱（青酱中可加些煮面的汤水，使酱汁变稀，这样更容易拌面，且更有味道），拌匀后盛入盘中即可。

 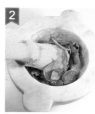 

主料

罗勒叶	40片
帕尔玛干酪粉	5汤匙
松子	2汤匙
大蒜	1瓣
意大利条面	400克

调料

特级橄榄油	5汤匙
盐	适量

黄豆茴香炒面

制作时间 20分钟

难易度 ★★

主料

鲜面条	300克
茴香	300克
水发黄豆	50克

调料

盐	1茶匙
鸡精	1/2茶匙
香油	1茶匙
大蒜	2瓣

做法

① 大蒜切成片。茴香洗净，切成1厘米长的段。

② 锅内放入足量的水烧开，下入面条煮至八成熟。

③ 将面条捞出，用清水冲凉后控干水，再放入香油拌匀。

④ 起油锅，爆香蒜片，放入水发黄豆翻炒1分钟。

⑤ 再放入茴香，加盐翻炒至茴香变色，加入30毫升水，加盖焖2分钟，使茴香变软。

⑥ 放入面条，大火翻炒1分钟，加鸡精调匀即可。

黄瓜蛋皮手擀凉面

制作时间
35 分钟

难易度
★★★

主料

面粉	120克
水	50克
鸡蛋	1个
黄瓜	50克

调料

盐	（1+1/4）茶匙
芝麻酱	2汤匙
香油	1汤匙
蒜末	1汤匙
味精	1/4茶匙

做法

① 面粉加入1/4茶匙盐拌匀，再逐渐加入水，边加水边搅拌成雪花状面穗。

② 用手揉搓成均匀的面团，盖拧干的湿布醒15分钟。

③ 鸡蛋打入碗中用筷子搅散。平底锅烧热，入油倒入蛋液，摊成鸡蛋皮。

④ 黄瓜去皮，切丝。蛋皮晾凉，也切成丝。

⑤ 醒好的面团放到案板上，再次揉匀。

⑥ 把面团先擀成大片，面片上撒薄薄一层面粉，防止粘连，用擀面杖把面片卷起来。

⑦ 两手放在擀面杖两端，均匀用力擀几下，把面片打开再撒些面粉，换一个方向卷起再擀。

⑧ 反复擀至面片的厚度小于1毫米。擀好的面片像扇面一样折叠起来，切成粗细一致的面条。

⑨ 用手把面条提起，在案板上摔几次，把多余的面粉抖掉后放在盖帘上。

⑩ 芝麻酱放入小碗中，加盐、味精、香油和少许凉开水调匀。

⑪ 锅内加足量的水大火烧开，放入擀好的面条，用筷子把面条挑散防止粘连，直到面条都浮起来。

⑫ 把煮熟的面条放入凉开水或者纯净水中过凉。

⑬ 面条捞入盘中，浇入适量芝麻酱，再放入黄瓜丝、蛋皮丝、蒜末，拌匀即可。

松子黄瓜全蛋面

制作时间 25分钟 难易度 ★★

做法

① 将全蛋面煮熟，过凉备用。

② 樱桃西红柿洗净，切成小瓣。黄瓜洗净切成大片。

③ 平底锅烧热，将松子炒熟，盛出备用。用同一口锅加入橄榄油，油热后放入蒜末，炒出香味放入黄瓜和西红柿，大火煸炒，待黄瓜炒软后加入全蛋面，用盐和胡椒粉调味。

④ 装入盘中，撒上松子即可。

主料

全蛋面	200克
大蒜末	15克
樱桃西红柿	5个
黄瓜	1根
松子	5克

调料

盐、黑胡椒碎	各适量
橄榄油	15毫升

家常凉面

制作时间 25 分钟　难易度 ★★

主料

细切面	300克
黄瓜	1根

调料

麻酱、辣椒酱、酱油、白糖、盐、味精、醋、香油、葱花、蒜末　各适量

做法

① 锅中入适量水烧开，放入面条煮熟捞出，过凉水，沥干，拌少许香油，入冰箱冷藏30分钟。

② 黄瓜洗净切丝；麻酱放入碗中，用适量清水调稀，加辣椒酱、酱油、白糖、盐、味精、醋、葱花、蒜末拌匀，调成味汁。

③ 取出凉面条，码上黄瓜丝，浇上调好的味汁，吃时拌匀即可。

山药鸡蛋面

制作时间
25分钟

难易度
★★

做法

① 将山药粉、小麦粉、豆粉放入小盆中，鸡蛋打入碗内，加适量清水及少许盐搅匀，倒入面盆中，和成面团，擀成薄面片，切成面条。

② 将面条下入沸水锅内，煮熟后酌加葱花、姜末、盐、酱油、香油，拌匀即成。

主料

山药粉	200克
小麦粉	400克
鸡蛋	2个
豆粉	30克

调料

盐、葱花、姜末、酱油、香油　　　　　　各适量

番茄彩豆实心面

制作时间 25分钟　难易度 ★★

主料

实心面	200克
罐头茄汁黄豆50克（带汁）	
罐头鹰嘴豆	30克
豌豆	30克
罐头番茄粒	400克
罗勒	1支
大蒜碎	10克
培根	2条

调料

盐、黑胡椒碎	各适量
橄榄油	15毫升

做法

① 将实心面煮10分钟，过凉备用。

② 培根切成碎末。

③ 平底锅内放入橄榄油，待油热后加入大蒜碎，炒出香味加入培根，用中火把培根中的油分炒出来，然后放入番茄粒和3种豆，煮开锅放入面条，大火炒制2分钟。

④ 用盐和黑胡椒碎调味，用罗勒叶点缀即可。

番茄鸡蛋面

制作时间
25 分钟

难易度
★★

做法

① 番茄洗净，入沸水中略烫，捞出去皮，切瓣。

② 鸡蛋打入小碗中，搅匀。

③ 锅上火，加入花生油烧热，下葱花炝锅，烹入绍酒，加入鲜汤和盐，待汤沸时下入面条煮熟，淋入蛋液，下入番茄、白糖、胡椒粉，撒上葱花，淋香油，出锅即成。

主料

宽面条	200克
鸡蛋	1个
番茄	75克

调料

盐、白糖、绍酒、胡椒粉、香油、鲜汤、葱花、花生油各适量

西西里岛五彩面

主料

大蒜	2瓣
杏仁	40克
番茄	4个
罗勒叶	30片
短管形意大利面	400克

调料

特级橄榄油	5汤匙
盐	适量

做法

① 大蒜去皮后和杏仁一起放在捣臼里轻轻捣碎（但不要太碎），再加入罗勒叶，轻捣至碎。

② 新鲜番茄洗净，去皮（番茄去皮时，可在番茄头上划十字刀，放在沸水中煮1分钟，取出，就能很轻松地去掉皮）后切成小丁，控完汁后放入捣臼里捣。

③ 将捣好的香茄酱加入橄榄油，搅拌均匀，即成五彩酱汁。短管形意大利面煮熟后捞出，拌上五彩酱汁，即可食用。

胡萝卜面

制作时间 25分钟

难易度 ★★

做法

① 胡萝卜洗净切片，入沸水中烫至变软，留少许待用，其余捣成蓉，挤出胡萝卜汁（或放入榨汁机中，加水打成胡萝卜汁），加适量清水搅匀，倒入面粉中和成面团，用擀面杖擀成薄面片，切成面条。

② 西蓝花洗净，切成小朵，焯熟。

③ 锅上火，加清汤、盐、胡椒粉烧沸，下入胡萝卜汁面，煮熟，加入西蓝花、胡萝卜片，捞出装碗即可。

主料

面粉	600克
胡萝卜	250克
西蓝花	适量

调料

盐、胡椒粉、清汤	各适量

胡萝卜汁面

制作时间
25分钟

难易度
★★

主料

白面	500克
胡萝卜	250克
青菜	少许

调料

熟猪油、清汤、盐、味精
各适量

做法

① 胡萝卜洗净切半，加适量开水泡至回软，剁成蓉，再浸泡30分钟，过滤，挤出胡萝卜汁。

② 白面加胡萝卜汁和成面团，擀成片，切成面条。

③ 锅置火上，加清汤、调料烧沸，下入胡萝卜汁面煮8分钟至熟，捞出装碗，点缀青菜即可。

丹参鸡汁面

制作时间
25分钟

难易度
★★

做法

① 丹参浸透洗净,切片。

② 面粉用清水和成面团,用擀面杖擀成薄皮,切成面条。

③ 鸡汤注入锅内,加入丹参片,煮25分钟,除去丹参片不用,烧沸,下入面条,煮熟,调入盐,出锅撒入葱花即成。

主料

丹参	9克
鸡汤	600毫升
面粉	200克

调料

盐、葱花	各适量

担担面

制作时间
25分钟

难易度
★★

主料

细圆面条	500克

调料

酱油、香油、白糖、香醋、红油、蒜泥、芝麻酱、花生末、香葱末　　　各适量

做法

① 净锅内加入清水烧沸，下入细圆面条煮熟，捞出投入凉开水中过凉，再捞入碗内。

② 将酱油、香油、白糖、香醋、红油、蒜泥、芝麻酱、花生末调匀，倒入面条碗中，撒上香葱末，食用前拌匀即可。

芝麻酱拌面

制作时间 25分钟　难易度 ★★

做法

① 取酱油、白糖、盐加水300毫升煮沸，制成调味汁，备用。

② 将芝麻酱加香油搅成浆状麻酱。

③ 锅内加水烧沸，下入面条煮熟，捞出沥水，盛入大碗中，加入调味汁、麻酱、辣椒油，拌匀倒入大盘中，撒入葱花即可。

主料

面条	300克
芝麻酱	100克

调料

酱油、白糖、盐、葱花、香油、辣椒油	各适量

麻酱凉面

制作时间 | 难易度
25分钟 | ★★

主料

面条	200克
黄豆芽	50克
嫩姜	适量

调料

醋、酱油、芝麻酱、香油、	
味精	各适量

做法

① 嫩姜去皮，切细丝，用少许香油腌2小时；芝麻酱加香油和水调稀；豆芽洗净，入沸水中煮熟。将酱油、醋、味精拌匀，用大火烧开，成调味汁。面条煮熟，捞出晾凉。

② 把面条放入碗中，依次将芝麻酱、嫩姜丝、调味汁倒在上面，拌和均匀即可。

酸酸辣辣荞麦凉面

制作时间
30分钟

难易度
★ ★ ★

主料

荞麦面	150克
面粉	100克
水	100克
盐	2克
绿豆芽	150克

调料

米醋	2大匙
酱油	1茶匙
白糖	1茶匙
盐	1茶匙
味精	1/2茶匙
香油	2茶匙
香菜、辣椒酱	各适量

做法

① 荞麦面、面粉、盐混合均匀，边搅拌边逐次加入水，直至成雪花状面片。

② 用手将面片揉成松散的面团。

③ 面条机接通电源，调至"压面1挡"，开机后把面团用手压扁，放入压面机压成散碎的大片。

④ 将比较碎的面片相叠，放入压面机中，反复几次直至压成厚薄均匀、光滑的面片。

⑤ 再调整压面机的厚度挡挡位，最后再压一次。调到切面挡，切出面条。

⑥ 切好的面条放到帘子上备用。

⑦ 把米醋、酱油、白糖、盐、香油、味精放入小碗内调匀。

⑧ 锅内烧开水，先把绿豆芽焯熟捞出。

⑨ 水再次滚开后放入面条煮熟。

⑩ 捞出面条后过凉水，沥干水分。

⑪ 面条中放入绿豆芽和调好的调味汁拌匀。

⑫ 再放入香菜段和辣椒酱拌匀即可。

香菇胡萝卜炝锅面

制作时间 20分钟　　难易度 ★★

主料

鲜面条	130克
香菇	20克
胡萝卜	20克
菜心	100克

调料

大蒜	1瓣
盐	1/2茶匙
味精	1/4茶匙
胡椒粉	1/4茶匙

做法

① 菜心切段，香菇、蒜、胡萝卜均切片。

② 起油锅，油温升至五成热时爆香蒜片。

③ 放入菜心、胡萝卜、香菇略炒。

④ 加足量清水大火烧开。

⑤ 将买回来的鲜面条用水冲洗，去掉外面那层防粘淀粉，以保持汤汁清澈。

⑥ 洗好的面条放入锅中煮熟，加盐、味精、胡椒粉调味即可。

长寿面

制作时间 30 分钟   难易度 ★★★

主料

精面粉	200克
鸡蛋	1个
香菇	30克
鲜笋	20克
虾仁	50克

调料

葱姜末、盐、香油、花生油
各适量

做法

① 鸡蛋打入沸水锅中煮成荷包蛋。

② 香菇、鲜笋洗净切丝。

③ 精面粉加水和成面团，用擀面杖擀成薄面片，切成细面条。

④ 虾仁开背，去沙线，切丁。

⑤ 起油锅烧热，放入葱姜末炝锅，加适量水烧沸，下入面条煮熟，加入香菇丝、笋丝、虾仁略煮，加盐、香油调味，起锅盛入碗中，将荷包蛋放在面条上即成。

意大利蔬菜汤配意面

制作时间 30分钟　难易度 ★★★

主料

意大利面	70克
土豆	1/2个
洋葱	30克
西蓝花	30克
小番茄	3个
蘑菇	20克

调料

大蒜	2片
番茄膏	2大勺
橄榄油	少许
盐	少许

做法

① 锅中放水，放入盐和橄榄油，再放入意大利面煮9分钟左右；洋葱切成小丁；西蓝花洗净，切成小花状；小番茄切开，备用。

② 锅烧热后，倒入橄榄油，放入洋葱和大蒜。

③ 炒出香味后放入番茄膏（番茄膏要先炒去酸味）。

④ 再倒入切好的小番茄，翻炒30秒（番茄炒的时间不宜过久）。

⑤ 然后倒入高汤和意大利面（意大利面可以切成小段，再加入汤中），煮两分钟左右，烧开即可。

⑥ 最后放入西蓝花，加盐，调味即可。

贴心提示

· 这道蔬菜汤的口感以清淡、酸甜为主。

· 西蓝花不宜煮太久，否则容易变黄、变老。

· 番茄膏要先炒去酸味，再加水炖制，否则炖好的汤味道会非常酸。

炸酱拌面

(制作时间) (难易度)
(15 分钟) (★★)

主料

鲜面条	140克
熟鸡蛋	1个

香菜、黄瓜、胡萝卜、泡菜
各适量

调料

炸肉酱	2大匙
香油	适量

做法

① 新鲜的面条放入盘中。

② 香菜切段，黄瓜、胡萝卜、泡菜切丝，熟鸡蛋对半切开。

③ 锅内加水大火烧开，放入鲜面条煮熟。

④ 捞入盘中，用少许香油拌匀。

⑤ 面条上分别放入香菜段、黄瓜丝、胡萝卜丝、泡菜丝。

⑥ 放上半个熟鸡蛋，再淋入炸肉酱，拌匀即可。

贴心提示

· 如果是夏天吃炸酱面，可以先把煮熟的面条用凉开水过凉后再吃。

第三章

肉香浓郁 解馋营养

面条的滋味素淡，
喜欢浓香口味的读者不妨做些荤菜和面条搭配。
这种搭配的营养更均衡一些。
打卤面、刀削面，各有各的绝招；
臊子面、排骨面，各有各的味道。

麻酱凉面

制作时间
25分钟

难易度
★★

做法

① 猪肉切成细丝，加入湿淀粉抓匀浆好。黄瓜切成细丝。

② 起油锅烧热，下葱花炝锅，放入浆好的肉丝煸炒至变色，加入酱油炒匀，盛出。

③ 芝麻酱加入盐和适量凉开水调成稠糊状。

④ 面条入沸水锅内煮熟，捞出过凉，沥水后盛入碗中，将黄瓜丝、熟猪肉丝、蒜粒、香菜末逐层撒在面条上，浇调好的芝麻酱即可。

主料

面条	300克
瘦猪肉	150克
黄瓜	50克

调料

芝麻酱、花生油、盐、酱油、葱花、蒜粒、香菜末、湿淀粉　　　　各适量

三丁面

制作时间
25分钟

难易度
★★

主料

猪瘦肉末	50克
笋片、豆腐干、黄瓜	各20克
面条	250克
葱花	适量

调料

料酒、米醋、豆瓣酱、甜面酱、花生油、白糖　各适量

做法

① 笋片用开水焯一下，切丁。

② 黄瓜洗净切丁。豆腐干切丁。

③ 锅内加花生油烧热，炒散肉末，再加入葱花、豆腐干丁、笋丁和黄瓜丁炒匀盛出。锅内加油烧热，爆炒豆瓣酱和甜面酱，加入料酒、米醋、白糖炒匀，倒入炒好的丁料，炒匀成炸酱。

④ 锅内加水烧沸，放入面条煮熟，入凉开水中浸凉，盛碗内，加炸酱拌匀即成。

三丝汤面

制作时间 25 分钟

难易度 ★★

做法

① 净锅中加入植物油，旺火烧至七成热，下入肉丝煸炒至断生，加入葱丝、姜末、酱油煸炒入味，投入木耳丝炒至上色，加入清水500毫升，烧沸后加入盐、香油，撒入蛋皮丝，制成三丝面卤。

② 将面条下入沸水中煮熟，捞入碗内，将三丝卤浇在面条上即成。

主料

细面条	500克
猪肉丝、蛋皮丝、水发木耳丝	各100克
葱丝	25克

调料

酱油、盐、植物油、姜末、香油　　　　　　　各适量

炸酱面

制作时间 25分钟　难易度 ★★

主料

手擀面	250克
五花肉	150克
黄酱、黄瓜	各适量

调料

料酒、香油、色拉油、白糖、葱末　　　　各适量

做法

① 黄瓜洗净切丝，五花肉切丁。

② 炒锅加色拉油烧热，放葱末、猪肉丁煸炒，加黄酱、水、料酒、白糖炒熟，加香油调匀。

③ 锅中注水烧沸，下面条煮熟，捞入大汤碗内，放上黄瓜丝，再浇入炸酱卤即可。

打卤面

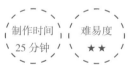

制作时间
25分钟

难易度
★★

做法

① 面粉和好面团，擀成面条。

② 卷心菜洗净切丝，同绿豆芽一起焯水，捞出，过凉沥水。

③ 猪肉洗净切丁，加油炒熟，加盐、醋、香油、酱油调味，勾芡成卤汁。

④ 面条煮熟，过凉后捞入碗中，浇上卤汁，放上卷心菜丝、绿豆芽即可。

主料

面粉	300克
猪肉	75克
卷心菜	30克
绿豆芽	20克

调料

盐、醋、香油、淀粉、酱油、花生油 各适量

刀削面

制作时间
25分钟

难易度
★★

主料

面粉	500克
猪肉	100克
卷心菜	50克
绿豆芽	20克
芝麻	5克

调料

盐、醋、香油、淀粉、酱油、花生油　　　各适量

做法

① 面粉加水和成面团。芝麻炒熟，碾成粉末，加盐拌匀，成芝麻盐，备用。

② 卷心菜洗净切丝，同绿豆芽一起焯水，过凉。

③ 猪肉洗净切丁，入热油锅中略煸，加盐、醋、香油、酱油调味，以淀粉勾芡成卤汁。

④ 用特制刀具将面团削成条，下开水锅中煮熟，过凉水后捞入碗中，浇卤汁，撒芝麻盐，放卷心菜丝、绿豆芽即可食用。

茄子氽拌面

制作时间 25分钟　难易度 ★★

做法

① 茄子去皮，洗净切丁；五花肉洗净切丁；尖椒洗净，去蒂及籽，切丁。

② 锅入油烧热，下一部分葱段、姜末、蒜块煸香，下肉丁炒至变色，加茄丁、尖椒丁稍炒，再放剩余葱、姜、蒜，加白糖、盐、酱油调味，盛出。

③ 将面条抖散，放入蒸屉中蒸2分钟，再放入沸水中煮，浇上适量凉水拔一下，放入炒好的茄子拌匀即可。

主料

圆茄子	100克
五花肉	100克
尖椒	30克
面条	250克

调料

葱段、姜末、蒜块、白糖、酱油、盐、植物油　各适量

什锦肉丝面

制作时间 25分钟

难易度 ★★

主料

家常细面条	200克
猪瘦肉	50克
水发香菇	25克
胡萝卜	25克
鲜竹笋	25克

调料

葱姜丝、盐、酱油、绍酒、白糖、香油、鲜汤、花生油各适量

做法

① 将猪瘦肉洗净，切丝。

② 香菇切丝，胡萝卜切片，鲜竹笋切块。

③ 将面条下入沸水中煮熟，捞入碗中。

④ 炒锅上火，加油烧热，放入肉丝、葱姜丝爆香，再下香菇和盐、酱油、绍酒煸炒，加入鲜汤，待汤沸时放入胡萝卜片、竹笋块，调入白糖，离火，倒入面条碗中，淋香油即可。

家常肉丝炒面

制作时间
25分钟

难易度
★★

做法

① 猪里脊肉洗净切丝，放入碗中，加酱油、淀粉抓拌均
匀，腌制10分钟；葱洗净切段；胡萝卜去皮洗净，切
丝；香菇冲洗净，用水泡软，切丝，保留浸泡的汁。

② 鸡蛋面煮熟，捞出沥干。锅入油烧热，爆香葱段，放入
肉丝、香菇丝及胡萝卜丝炒香，加酱油、盐、胡椒粉、
香菇汁煮开，再加鸡蛋面翻炒，待汤汁快收干时盛出。

主料

鸡蛋面	150克
猪里脊肉	100克
香菇	3朵
胡萝卜	50克

调料

葱、酱油、淀粉、盐、植物
油、胡椒粉　　　　各适量

酱油生炒面

制作时间
25分钟

难易度
★★

主料

鸡蛋面	150克
肉丝	50克
虾蓉	25克
卷心菜丝	40克
胡萝卜	30克
香菇	2朵
韭菜、豆芽、洋葱	各15克

调料

盐、鸡精、蚝油、酱油、啤酒、油、蒜　　各适量

做法

① 将鸡蛋面煮至八成熟，捞出，用油拌好，放入平底锅中，煎两面呈金黄色。

② 锅内放植物油烧热，放入肉丝、虾蓉煸炒，加入蒜、洋葱、卷心菜丝、胡萝卜丝、香菇丝翻炒片刻，再放入韭菜、豆芽炒香，用盐、鸡精、酱油、啤酒调味，炒匀后关火，放入面条与菜搅拌均匀即可。

酸菜肉丝炒面

制作时间
25 分钟

难易度
★ ★

做法

① 猪肉丝加料酒、胡椒粉、酱油、盐、味精调味，再加入水淀粉抓一下，入热油锅中炒散，捞出；面条煮好，过冷水，捞出沥干。

② 锅置火上，放油烧热，爆香葱末，加入酸菜丝拌炒，再加入猪肉丝及面条炒匀炒熟，放盐、味精调好味即可出锅。

主料

面条	250克
酸菜丝	40克
猪肉丝	30克

调料

葱末、料酒、盐、味精、胡椒粉、酱油、水淀粉、植物油　　　　　　　各适量

扁豆肉丝焖面

制作时间 25分钟　难易度 ★★

主料

细切面、扁豆	各300克
猪肉	100克

调料

盐、酱油、葱末、姜丝、蒜泥、香油、味精、植物油各适量

做法

① 将扁豆择洗净，切成3厘米左右的段；猪肉洗净，切成丝；笼屉内抹少许油，将切面放在其上蒸至六七成熟，取出。

② 锅置火上，放油烧热，下入猪肉丝煸炒至变色，依次加入酱油、葱末、姜丝、扁豆段、盐翻炒，放入适量水，将面条均匀地放在扁豆上，盖锅盖，用小火焖熟，出锅前加入蒜泥、香油、味精即可。

绿豆芽肉丝炒面

制作时间
25分钟

难易度
★ ★ ★

主料

鲜面条	700克
绿豆芽	200克
红彩椒	40克
猪肉	60克

调料

盐	1茶匙
白糖	1茶匙
料酒	1茶匙
香油	1茶匙
老抽	2茶匙
干淀粉	1/2茶匙
胡椒粉	1/2茶匙
葱、姜、蒜、植物油	各适量

做法

① 鲜面条放入开水锅中煮至八成熟，捞出。

② 煮好的面条过清水后沥干水分，用香油拌匀。

③ 红彩椒切丝。

④ 葱切段，蒜、姜切片。

⑤ 猪肉切丝，用料酒、胡椒粉、干淀粉抓匀。

⑥ 起油锅，油温升至四成热时放入肉丝滑炒至变色。

⑦ 放入葱姜蒜炒香，再放入绿豆芽翻炒1分钟。

⑧ 放入面条、红彩椒丝，加盐、白糖、老抽，大火翻炒2分钟即可出锅。

贴心提示

· 面条一定不能煮得太熟，否则炒的时候容易粘锅。

· 面条煮好以后过清水，口感会更爽滑，加香油拌匀是为了防止面条粘连。

· 炒面条的时候一定要用大火。

芸豆肉丁拌面

制作时间 20分钟

难易度 ★

主料

鲜面条	300克
猪肉	120克
芸豆	250克

调料

盐	3/2茶匙
白糖	1茶匙
老抽	1茶匙
料酒	1茶匙
干淀粉	1茶匙
胡椒粉	1/2茶匙
鸡精	1/2茶匙
葱、姜、蒜、红尖椒圈、植物油	各适量

做法

① 芸豆斜切成小段。

② 猪肉切丁后用料酒、胡椒粉、干淀粉拌匀，腌制3分钟。

③ 葱切末，蒜和姜切片。

④ 锅烧热，加少许油烧至五成热，爆香葱、姜、蒜。

⑤ 放入肉丁滑炒至变色。

⑥ 放入芸豆略炒。

⑦ 加老抽、盐、白糖炒匀，再加少许清水，加盖焖2分钟，加鸡精调匀。

⑧ 面条放入开水锅中煮熟，捞入碗中，放入炒好的芸豆肉丁，撒入葱末和红椒圈即可。

贴心提示

· 芸豆不易制熟入味，所以要斜切，使截面变大，从而缩短制熟入味的时间。

· 芸豆一定要炒熟再吃，所以加点水焖炒很重要。

薏仁番茄瘦肉面

制作时间 25分钟

难易度 ★★

主料

薏苡仁	30克
瘦肉	30克
挂面	30克
番茄	50克

调料

葱段、姜片、盐、植物油各适量

做法

① 薏苡仁淘洗干净，去杂质，放入蒸杯内加水100毫升，上笼蒸熟。

② 番茄洗净，切成薄片。

③ 炒锅置武火烧热，加入植物油，烧至六成热，加入姜片、葱段爆香，加入清水600毫升，烧沸，下入挂面、瘦肉、番茄、薏苡仁、盐，同煮至熟即成。

片儿川

制作时间 35分钟　　难易度 ★★★

主料

鲜面条	600克
雪菜	150克
瘦猪肉	100克
竹笋	50克

调料

盐	1茶匙
糖	1/2茶匙
料酒	2茶匙
生抽	2茶匙
味精	1/2茶匙
胡椒粉	1/4茶匙
干淀粉	1茶匙
大葱	5克
生姜	3克

做法

① 猪肉、雪菜洗净，竹笋切片焯水。

② 雪菜切碎，放入清水中浸泡15分钟，挤干水分备用。

③ 猪肉切片，加胡椒粉、干淀粉和1茶匙料酒，用手抓匀。

④ 大葱、生姜均切成丝。起油锅，爆香葱姜丝。

⑤ 放入猪肉片滑散，炒至猪肉片变色后烹入1茶匙料酒。

⑥ 再放入雪菜碎和竹笋片略炒。

⑦ 锅内加入适量的水、盐、白糖、生抽大火烧开，煮3~5分钟，加味精调匀即成卤汤。

⑧ 另起一锅放入足量水烧开，下入面条煮熟。

⑨ 煮熟的面条分别捞入4个大碗中。浇入做好的卤汤即可。

肉末辣酱拌面

制作时间
25分钟

难易度
★★

做法

① 绿豆芽洗净，择去头尾，焯至断生。香菇去蒂，切丝；葱、蒜洗净，切碎。

② 锅置火上，放油烧热，炒香葱碎、蒜碎，下肉末、香菇丝煸炒熟，加辣椒酱、酱油、料酒、白糖、盐调好味，浇在煮好的面条上，放上豆芽菜，以香菜末点缀，拌食即可。

主料

面条	250克
肉末	100克
绿豆芽	80克
水发香菇	70克

调料

辣椒酱、酱油料酒、白糖、盐、葱、蒜、香菜末、植物油各适量

香芹肉丁拌面

制作时间 25 分钟　难易度 ★★

主料

鲜面条	350克
香芹菜	400克
豆腐干	100克
猪肉	150克

调料

白糖	1/2茶匙
味精	1/2茶匙
胡椒粉	1/4茶匙

盐、料酒、酱油、干淀粉各1茶匙

葱、姜、油爆剁椒酱、植物油各适量

贴心提示

· 煮好的面条可用凉开水再过一遍，吃起来更筋道爽滑。

做法

① 香芹择洗干净，切1厘米长的小段；豆腐干切丁；葱、姜切片，猪肉切丁。

② 猪肉丁用胡椒粉、料酒、干淀粉搅拌均匀。

③ 起油锅，油温升至四成热时，放入猪肉丁滑炒至变色盛出。

④ 另起油锅，爆香葱、姜，放入香芹段和豆干略炒。

⑤ 再放入猪肉丁，加盐、白糖、酱油大火翻炒1分钟，加味精调匀即可。

⑥ 面条放入开水锅中煮熟，捞入碗中，加炒好的香芹豆干肉丝和油爆剁椒酱即可。

肉丁炸酱面

主料

猪肉50克，黄瓜、芹菜、豆芽、青蒜苗各30克，切面300克

调料

黄酱、八角、葱姜末、啤酒、白糖、香油、植物油各适量

做法

① 猪肉洗净，切丁；黄瓜洗净，切丝；芹菜、青蒜苗洗净，焯水，切末；豆芽洗净，焯水。

② 八角入油锅炸香，加葱姜末煸香，放入肉丁煸熟，倒入黄酱、啤酒长时间推炒，使水分挥发，再放入白糖，淋香油，撒青蒜苗，制成炸酱。

③ 将面煮熟，与制作好的炸酱及豆芽、黄瓜丝拌匀食用即可。

家常炸酱面

主料

面条250克，猪瘦肉末100克，笋片、豆腐干、黄瓜各30克

调料

大葱、料酒、米醋、豆瓣酱、甜面酱、花生油、白糖各适量

做法

① 笋片用开水焯熟，切丁。黄瓜洗净切丁，焯水后用凉开水冲凉。豆腐干切丁。大葱切葱花。

② 锅内加花生油烧热，炒散肉末，再加入葱花、豆腐干丁、笋丁和黄瓜丁炒匀盛出。

③ 锅内加油烧热，爆炒豆瓣酱和甜面酱，加入料酒、米醋、白糖炒香，倒入炒好的丁料，炒匀成炸酱。

④ 锅内加水烧开，放入面条煮熟，入凉开水中浸凉，盛碗内，加少许炸酱拌匀即成。

红烧肉面

主料

宽面条300克，红烧肉50克，木耳、香菇各30克，菜心20克

调料

盐、白糖、酱油、绍酒、鲜汤、葱段、姜片、花生油各适量

做法

① 木耳、香菇用温水泡发洗净，撕成片。

② 红烧肉切块。

③ 宽面条煮熟，捞入碗中。

④ 炒锅上火，加花生油烧热，放红烧肉、葱段、姜片爆香，加入酱油、绍酒、盐、白糖、鲜汤，下入木耳、香菇，旺火煮沸，再下入菜心稍煮离火，倒入面碗中即可。

肉末番茄面

主料

挂面50克，番茄75克，瘦肉馅、洋葱各25克

调料

盐、食用油、清汤各适量

做法

① 将番茄洗净去皮，在沸水中烫1分钟后去籽，切成丁或薄片。将洋葱洗净，切成碎末。

② 取清汤适量，放入折成小段的面条，将其煮烂。

③ 用油将洋葱末炒香，再放入肉馅、番茄一起煸炒，加少许盐调味，最后将炒熟的肉末和菜一起倒入煮好的面条中，搅拌均匀即可。

家常肉末卤面

制作时间 25分钟　难易度 ★★

做法

① 炒锅注油烧热，下葱花、姜末爆香，放肉末煸炒，烹入醋、酱油、料酒和少许水烧沸，加入白糖、盐、蒜蓉，调匀成卤汁。

② 锅内加入清水烧沸，下入面条煮熟，捞入大汤碗内，倒入卤汁，撒入香菜末拌匀即成。

主料

面条	300克
肉末	150克

调料

酱油、料酒、醋、盐、葱花、姜末、蒜蓉、色拉油各适量

香菜末、白糖　　　各50克

香菇酱肉面

制作时间 25分钟　难易度 ★★

主料

拉面	200克
水发香菇	25克
酱肉	50克
红辣椒	15克
青菜	20克

调料

盐、绍酒、酱油、白糖、葱
姜末、鲜汤、花生油 各适量

做法

① 香菇、红辣椒洗净，切小丁。青菜洗净切段。酱肉切
小丁。

② 拉面煮熟，捞入碗中。

③ 炒锅上火，加花生油烧热，下葱姜末炝锅，放香菇、
酱肉、红辣椒丁煸炒片刻，调入盐、白糖，烹入绍
酒、酱油，注入鲜汤，待汤沸时下入青菜稍煮，离
火，倒入面碗中即成。

蒜香豆干肉丁炸酱面

制作时间 35 分钟　难易度 ★★★

主料

鲜面条	300克
猪肉	200克
豆腐干	80克
黄瓜	100克

调料

甜面酱	600克
豆瓣酱	150克
芝麻酱	1汤匙
大蒜	20克
大葱	40克
白糖	2茶匙
香油	2茶匙
植物油	100毫升

做法

① 蒜和葱切末；豆腐干切丁，备用。

② 猪肉也切成丁。

③ 锅入油烧至五成热时放入豆腐干丁，炸至微黄。

④ 放入猪肉丁炒至变色。

⑤ 再放入甜面酱、豆瓣酱和白糖，小火炒5分钟至酱的颜色发红发亮。

⑥ 放入芝麻酱炒匀。

⑦ 再放入葱末和蒜末。

⑧ 最后放入香油炒匀，立即关火盛出。

⑨ 黄瓜切成丝，放入盘中。

⑩ 另起一锅加足量水烧开，下入面条煮熟。

⑪ 煮熟的面条捞入已铺黄瓜丝的盘中。

⑫ 最后在面条上放入1汤匙炸酱，拌匀即可。

真味炸酱面

制作时间 25分钟

难易度 ★★

做法

① 五花肉洗净，切粒。腌肉切粒。黄瓜洗净，切丝。青豆洗净，入沸水锅中煮熟，捞出。乌冬面入沸水锅中煮熟，捞出，过凉，盛入碗中，放上黄瓜丝和青豆。

② 锅置火上，倒入适量植物油烧热，放入五花肉粒煸至颜色微黄，加八角和姜末炒香，放入香菜末，加入黄酱、辣酱、海鲜酱、番茄酱翻炒均匀，淋入料酒和适量清水熬煮至黏稠状，放入盐、白糖和葱花调味，离火，浇在煮熟的乌冬面上，淋上香油即可。

主料

五花肉、腌肉、黄瓜、青豆、乌冬面各适量

调料

姜末、葱花、八角、黄酱、辣酱、番茄酱、海鲜酱、料酒、香油、盐、白糖、香菜末、植物油各适量

雪菜肉丝面

制作时间 25分钟　　难易度 ★★

主料

拉面	250克
雪里蕻	80克
猪瘦肉	50克
红辣椒	15克
豆芽、芹菜	各50克

调料

酱油、绍酒、湿淀粉、化猪油、盐、鲜汤、香油各适量

做法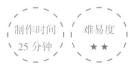

① 猪瘦肉切丝，拌入酱油、绍酒、湿淀粉，腌5分钟。雪里蕻切小段，红辣椒切丝，芹菜茎切段，豆芽掐去两头。

② 汤锅上火，加入清水烧沸，下入拉面煮6分钟至熟，捞出装碗中。

③ 猪油放入锅中烧热，下入肉丝炒散，放入雪里蕻、鲜汤、红椒丝、芹菜、豆芽及盐，煮至汤沸时起锅浇入面碗中，淋香油即可。

重庆酸辣粉

制作时间 20分钟

难易度 ★★★

主料

红薯粉条	150克
干黄豆、花生	各15克
芽菜末	10克
油豆泡	4个
绿叶蔬菜	2棵
猪五花肉末	50克

调料

酱油、香醋、生抽	各1大匙
花椒粒	8颗
盐、白芝麻（炒熟）花椒粉、白胡椒粉	各1/4小匙
芝麻酱、鸡精香水芹菜碎、香菜碎、香葱碎、香油	各1小匙
特细辣椒粉	2大匙
姜蓉、蒜蓉	各1/2小匙
猪骨高汤	1杯

做法

① 干黄豆用冷水浸泡3小时，红薯粉条用温水浸泡20分钟。

② 锅入油烧温，放入黄豆，小火炸至酥脆，捞出沥净油。

③ 再放入花生小火炸至酥脆，捞出沥净油，去皮碾碎备用。再将肉末放入锅中炒熟，盛出。

④ 将特细辣椒粉放入碗内，加入花椒粒。锅入油烧热，趁热倒入碗内（倒时会冒汽泡），待汽泡消失后，加入生抽、芝麻酱、香油，调匀即成特制辣椒油。

⑤ 锅入水烧开，将泡软的红薯粉条放入锅中烫熟，捞出沥干。再放入青菜焯熟，捞出。

⑥ 碗内先放1/3杯的高汤，将其他所有调料放入碗内调匀，放入红薯粉条，撒上酥黄豆、碎花生、香菜、香葱、辣椒油、青菜、肉末，最后把剩余高汤烧热倒入碗内即可。

贴心提示

· 红薯粉条不要煮太久，煮得太软口感不好。

· 红薯粉条煮好后会吸收汤里的水分，所以要在吃的时候再煮，不要煮好后放置太长时间，否则会粘在一块。

黑椒猪肉炒乌冬面

制作时间 35分钟　难易度 ★★★

主料

主料	
猪瘦肉	100克
乌冬面	400克（2小包）
洋葱	1/4个
红、黄、绿三色彩椒	各1/4个

调料A

调料A	
蚝油、玉米淀粉	各2小匙
生抽	1小匙
清水、色拉油	各1大匙
蛋白液	半个

调料B

调料B	
大蒜	5瓣
蚝油	1.5大匙
生抽	1大匙
番茄酱	2小匙
砂糖	1小匙
粗粒黑胡椒粉	1/2大匙
高汤（或清水）	100毫升
色拉油	3大匙

做法

① 将乌冬面拆包后用清水冲净，使面条松散开，沥净水备用。

② 大蒜剁成蓉，彩椒分别切成小块；洋葱洗净，一半切块，一半切碎。

③ 猪肉切成大薄片，放碗内，用调料A拌匀，腌制10分钟。

④ 锅入1大匙油烧至四成热，放入腌好的猪肉片快速滑炒至肉变色，捞起沥净油备用。

⑤ 倒出锅内余油，洗净锅，再放入1大匙油，油热后放入洋葱块、彩椒块翻炒1分钟。

⑥ 倒入乌冬面，加入少量盐，用中火翻炒约2分钟，盛出备用。

⑦ 洗净锅，放入1大匙油，冷油放入洋葱碎、蒜蓉炒出香味。

⑧ 再调入蚝油、生抽、番茄酱、砂糖、高汤（或清水）、黑胡椒粒，用中小火煮至酱汁浓稠。

⑨ 倒入猪肉片，迅速翻炒至肉片均匀裹上酱汁。

⑩ 再加入炒好的蔬菜和面条，翻炒至全部均匀裹上酱汁即可装盘。

贴心提示

· 做黑胡椒酱时，放少许番茄酱和糖以中和其咸味，但不要放太多。黑胡椒最好选用粗颗粒的，会更香。裹酱汁时，最好是用颠锅的方式，迅速让食材均匀裹上酱汁。

关中臊子面

制作时间 35分钟　难易度 ★★★

主料

手擀面	200克
猪五花肉	200克
黑木耳	3大朵
胡萝卜	1/4根
韭菜	5根
南豆腐（嫩豆腐）	2块
金针菜（黄花菜）	15根

调料

陈醋	1大匙
生抽	1.5大匙
老抽	2小匙
辣椒面	2小匙
盐	1/8小匙
鸡精	1/4小匙
白胡椒粉	1/8小匙
香油	1小匙
生姜	10克
大葱	1小段
大蒜	2瓣
花椒	10颗
高汤（或清水）	1000毫升
色拉油	3大匙

做法

① 将金针菜、黑木耳分别用冷水浸泡20分钟，洗净后剪去根蒂，备用。

② 五花肉切成细丁，胡萝卜、豆腐切成小方块，金针菜、黑木耳切碎，韭菜切细段，姜、葱、蒜分别剁成末，备用。

③ 炒锅烧热，放入少许油，放入五花肉丁，小火煸炒至收干水分，加入姜、葱、蒜及花椒炒香，将肉块煸出油脂。

④ 加入陈醋，小火煮约2分钟。

⑤ 加入生抽、老抽、辣椒面，继续用小火煮2分钟。

⑥ 加入小半碗水，继续用小火煮10分钟。

⑦ 加入胡萝卜、豆腐、金针菜、黑木耳翻炒均匀，继续用小火煮10分钟。

⑧ 加入所有高汤，调入盐、鸡精、白胡椒粉。

⑨ 盖上锅盖，大火煮开，转小火煮3分钟后加入韭菜碎，淋入香油即成肉臊汤。

⑩ 锅内烧开水，放入少量盐及色拉油，加入面条煮至水开，再加一次冷水，煮至面条八成熟。

⑪ 将面条捞起放入大碗内，再倒入肉臊汤即成。

台湾炒米粉

制作时间 25分钟　难易度 ★★

主料

新竹米粉	2小包
猪里脊肉	50克
包菜（高丽菜）	30克
鸡蛋	1个
胡萝卜、韭菜、水发香菇各	
20克	

调料A

生抽、料酒各	1/2大匙
玉米淀粉、色拉油 各1小匙	

调料B

生抽	1大匙
盐、糖、鸡精	各1/2小匙
高汤（或清水）	1杯
色拉油	2小匙

准备工作

1.猪肉、包菜、胡萝卜、水发香菇分别洗净，切细丝；

2.韭菜洗净，切段；

3.鸡蛋打散后，用平底锅煎成蛋皮，切细丝。

做法

① 将米粉放入盆中，用冷水浸泡半小时。

② 猪肉丝放入碗中，加入调料A抓拌均匀，腌制15分钟。

③ 锅入油烧热，放入猪肉炒熟，盛出备用。

④ 锅再次入油烧热，放入香菇丝炒香，再放入包菜丝略炒。

⑤ 放入米粉、胡萝卜、韭菜，翻炒均匀。

⑥ 加高汤（或清水），调入生抽、盐、糖、鸡精。

⑦ 煮至水收干时，放入煎好的蛋皮丝及炒好的肉丝，炒匀即可。

⑧ 翻炒的时候最好用筷子，不要用锅铲，以免把米粉铲断。

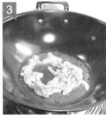

贴心提示

· 炒米粉的时候，多放一点油才好吃。

· 炒菜时胡萝卜丝、韭菜段也可以跟蛋皮丝、肉丝一起放，这样吃起来更爽口。

· 买不到新竹米粉的，可以用其他米粉代替。

滇味炒面

制作时间
25分钟

难易度
★★

做法

① 韭菜择洗干净，切段；豌豆苗、豆芽洗净；面条放入沸水中煮至五成熟，捞出，控干；火腿洗净，切丁；猪肉洗净，切丝。

② 锅内倒入猪油化开，放入面条过油，捞出。

③ 将辣椒油、酱油、盐、醋、甜面酱、鸡精调成味汁，备用。

④ 锅内再次放入猪油化开，放肉丝、火腿丁翻炒，再放韭菜、豆芽、豌豆苗，加少许葱姜水，放入面条，加味汁调匀，炒至面条成熟即可。

主料

面条	250克
韭菜、豌豆苗、豆芽、火腿各20克	
猪肉	50克

调料

葱姜水、酱油、醋、甜面酱、猪油、盐、辣椒油、鸡精各适量

腊味乌冬面

制作时间
25分钟

难易度
★★

主料

乌冬面	300克
腊肉	50克
大枣	2颗
莲子	3颗

调料

胡椒粉、葱段、姜片、八角、料酒、花生油各适量

做法

① 乌冬面用水漂洗干净，入沸水中煮2分钟，捞出。

② 腊肉用温水泡洗干净，改刀。

③ 净锅上火，加油烧热，入葱段、胡椒粉、姜片、八角煸香，加水，烹入料酒，烧沸后下腊肉、大枣、莲子，小火卤制20分钟，待肉熟烂、汤汁收浓时起锅，与乌冬面拌匀即可。

三丝炒面

制作时间
30分钟

难易度
★★★

主料

面条	150克
胡萝卜	30克
火腿	50克
圆白菜（包菜）	40克

调料

盐1/3	小匙
生抽	1大匙
老抽	1小匙
鸡精	1/4小匙
香葱	15克
色拉油	1大匙

准备工作

1.胡萝卜去皮，洗净；

2.圆白菜洗净；香葱洗净，切段。

做法

① 胡萝卜、火腿、圆白菜切细丝，香葱切长段。

② 锅入水，放入少许盐、色拉油，大火烧开，放入面条煮至水开。

③ 倒入1/3碗凉水，水开后再加入1/3碗凉水，直至面条变软，捞出晾干。

④ 锅入油烧热，放胡萝卜丝、圆白菜丝炒至断生。

⑤ 再放入火腿丝，翻炒片刻。

⑥ 倒入煮好的面条，用筷子翻炒均匀。

⑦ 调入盐、生抽、老抽、鸡精，翻炒至面条均匀上色。

⑧ 再放入香葱段，翻炒片刻即可。

贴心提示

· 做炒面要选那种不容易煮烂的面条，不要煮太久。煮面条的时候，在水里放点盐和油，可以防止面条粘连。

· 炒面条前，要先将锅烧热，再放入油，将锅转一圈让油均匀布满锅底（俗称"趟锅"），然后再炒面条，就不会粘锅底。

· 翻炒时要用筷子，不要用锅铲，以免把面条铲断。

木耳香肠炒猫耳朵

制作时间
35分钟

难易度
★★★

主料

面粉	100克
水	60克
番茄	40克
水发黑木耳	10克
玉米粒	25克
熟香肠	15克
黄瓜	30克

调料

盐、白糖	各1/2茶匙
酱油	1茶匙
味精	1/4茶匙
葱末、蒜末	各适量

做法

① 面粉加水搅拌均匀，用手揉搓成面团，盖湿布醒15分钟。

② 醒好的面团再次揉匀，搓成条，切成4等份。

③ 将4份面团分别搓成直径约为7毫米的长条。

④ 再切成1.5厘米长的段。

⑤ 撒少许干面粉，使小面段相互不粘连。

⑥ 取一个小面段放在刨丝器凸凹不平的面板上。

⑦ 拇指蘸少许干面粉，把小面段搓成猫耳朵形状。

⑧ 其他小面段也依法做好，撒入少许干面粉。

⑨ 番茄、香肠、黄瓜均切丁，黑木耳切成小朵。

⑩ 锅内烧开水，放入猫耳朵煮至浮起后再煮1分钟。

⑪ 捞入凉水碗中过凉，沥干水分。

⑫ 起油锅，油温升至五成热时，放入葱、蒜末爆香。

⑬ 再放入番茄、香肠、黄瓜丁和木耳、玉米粒，加盐、白糖、酱油翻炒1分钟。

⑭ 放入猫耳朵快速翻炒1分钟，加味精调匀，盛出即可。

贴心提示

· 搓猫耳朵既可以借助刨丝器，也可以借助寿司帘、案板等工具。

· 煮猫耳朵的时候，水要多放一些，要不停地搅动，以免粘底。

· 调味品可以根据自己的喜好添加，喜欢吃辣的可以放点辣椒。

白菜香肠炝锅面

制作时间 80分钟　　难易度 ★★

主料

鲜面条	150克
白菜心	80克
熟香肠	50克
人参排骨汤	1碗

调料

盐1/2茶匙，味精1/4茶匙，葱、蒜各适量

做法

① 白菜心洗净，香肠切片。

② 白菜心切丝，葱、蒜切片。

③ 起油锅，爆香葱、蒜片。

④ 放入白菜略炒。

⑤ 倒入人参排骨汤。

⑥ 加适量清水大火烧开3分钟。

⑦ 放入面条和切好的香肠。

⑧ 用筷子轻轻搅动，至面条浮起后再煮2分钟，加盐和味精调味即可。

茄汁金针菇肉丝米线

制作时间
30分钟

难易度
★★★

主料

米线	300克
猪肉	180克
鲜金针菇	80克
番茄沙司	80克
豆腐皮	60克

调料

盐	2茶匙
白糖	1茶匙
味精	1/2茶匙
干淀粉	1茶匙
料酒	1茶匙

葱、姜、蒜、香菜、植物油
各适量

准备工作

米线放入清水中浸泡60分钟

做法

① 猪肉切成丝，用干淀粉、料酒拌匀腌制5分钟。

② 豆腐皮切丝，葱姜蒜切片，香菜切末，金针菇洗净切去根部。

③ 起油锅，油温升至四成热时，放入肉丝滑炒至变色。

④ 放入葱姜蒜片和番茄沙司略炒。

⑤ 加足量的水大火烧开3分钟，放入金针菇。

⑥ 放入豆腐丝再煮2分钟，加盐、白糖、味精调匀，即成卤汁。

⑦ 另起一锅，加足量的水大火烧开，放入浸泡好的米线煮2分钟。

⑧ 捞出在开水中过一遍，捞入碗中，再浇入卤汁，撒香菜末即可。

扫码看视频

番茄意大利面

制作时间
30 分钟

难易度
★ ★ ★

主料

猪绞肉	300克
洋葱	100克
番茄	200克
意大利面	400克

调料

番茄酱	150克
生抽	2大匙
蚝油、盐、颗粒胡椒粉各1小匙	
砂糖、料酒	各1大匙
大蒜	3瓣
橄榄油	1.5大匙
芝士粉	少许

准备工作

1.洋葱去皮，洗净，切碎；

2.番茄洗净，切块；

3.大蒜剁成蓉。

做法

① 锅内放入1大匙油，冷油放入蒜蓉、洋葱碎炒出香味。

② 加入猪绞肉，翻炒数下，调入料酒，小火慢慢炒至猪肉出油、表面呈微黄色。

③ 加入番茄块，翻炒均匀。

④ 调入番茄酱、生抽、蚝油，倒入少许清水。

⑤ 煮至番茄碎成酱汁后，加入砂糖、黑胡椒粉，略煮入味即可盛出。

⑥ 锅入水，放入少许盐、橄榄油，加盖烧开后，放入意大利面条，散开不要让面重叠在一起。加盖，大火煮10~12分钟。

⑦ 将煮熟的面条捞出，浸泡在冰水中约3分钟。

⑧ 面条取出沥干，盛入大盘内，淋上做好的番茄肉酱，撒芝士粉即可。

贴心提示

· 番茄酱一定要多放，直至肉的色泽都变红为止，再加些砂糖中和其酸味。

· 若一次吃不完，可以将剩下的酱汁装入保鲜盒，放冰箱冷冻保存。

· 不喜欢吃辣的，要少放胡椒粉。

酱排骨面

制作时间
25 分钟

难易度
★★

做法

① 汤锅上火，加入清水，旺火烧沸，下入拉面煮8分钟至熟，捞出装碗中。

② 炒锅置火上，放入花生油烧热，下葱姜丝炝锅，加入鲜汤、酱排骨、酱油、盐、胡椒粉，旺火烧至汤沸，下入青菜略煮，倒入面碗中即可。

主料

拉面	300克
酱排骨	100克
青菜	50克

调料

葱姜丝、酱油、盐、胡椒粉、鲜汤、花生油各适量

榨菜肚丝面

制作时间
25分钟

难易度
★★

主料

面条	250克
猪肚	100克
榨菜	30克

调料

盐、生抽、胡椒粉、香油、
高汤、花生油、葱花各适量

做法

① 猪肚洗净，切丝。

② 榨菜切丝，放入清水中浸泡20分钟，除去咸味。

③ 锅内加花生油烧热，下入肚丝、榨菜丝稍炒，调入盐、胡椒粉，烹入生抽，炒熟盛出。

④ 净锅中倒入高汤烧沸，下入面条煮熟，将面条与汤一同倒入碗内，加入炒好的榨菜肚丝，淋入香油，撒上葱花即可。

猪肝面

主料

猪肝100克，菠菜30克，面条250克

调料

盐、鸡精、料酒、胡椒粉、高汤、葱花各适量

做法

① 猪肝洗净，切成薄片，拌入盐、料酒腌片刻。

② 菠菜择洗干净，切段。

③ 锅内加水烧沸，下入面条煮熟，捞入碗内。

④ 高汤放锅内烧沸，加盐、鸡精调味，改用小火，放入猪肝及菠菜煮开后关火，撒上葱花，倒入面碗内，撒胡椒粉，拌匀后即可食用。

番茄猪肝菠菜面

主料

面条200克，番茄100克，菠菜50克，猪肝75克

调料

花生油、花椒、盐、香油、鸡油、酱油、姜丝、葱丝各适量

做法

① 菠菜洗净，放入开水中焯透捞出，迅速放在凉开水中过凉，捞出沥水，切段。番茄洗净切片。猪肝洗净切片，用开水氽一下，捞出沥水。

② 肝片入油锅炒散，加入葱丝、姜丝炒熟。

③ 花椒入油锅炸香捞出，加入菠菜、番茄翻炒。

④ 锅中倒入适量清水，加少许鸡油烧开，下入面条煮熟，再放番茄、菠菜、猪肝，淋入香油、盐、酱油即可。

主料

牛柳80克，通心粉200克，洋葱50克，青椒30克，红椒、黄椒各15克

调料

黑胡椒碎10克，蚝油、生抽、老抽、鸡精各适量，色拉油30克

做法

① 牛肉洗净去筋，切成丝备用。

② 洋葱和彩椒洗净，切成同样的丝，备用。

③ 通心面用开水煮8分钟，捞出备用

④ 锅入油烧热后放入牛肉煸炒至八成熟，放入黑胡椒碎、洋葱和彩椒，用大火煸炒约1分钟，放入面条，依次放入蚝油、生抽、老抽、鸡精调味，用大火翻炒均匀即可食用。

黑椒牛柳通心面

主料

拉面80克，金针菇30克，西蓝花3朵，西红柿片2片，肥牛片80克，冬阴功酱30克，牛高汤400毫升

调料

香葱段、盐 白胡椒粉各适量

做法

① 将肥牛片用开水汆一下，用水冲洗干净备用。

② 深底锅内加入牛高汤、冬阴功酱，大火煮开，放入拉面、西蓝花和金针菇，煮1分钟，加入盐和白胡椒粉调味。

③ 装入汤碗中，放入西红柿片和肥牛片，摆放整齐，最后撒上香葱段即可。

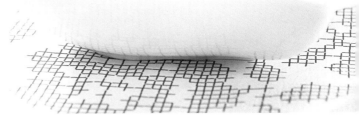

冬阴功肥牛拉面

焗牛肉酱蝴蝶面

制作时间
25 分钟

难易度
★★

做法

① 将蝴蝶面煮熟，过凉备用。

② 煮熟的面条入黄油蒜蓉锅炒一下，放少许盐、白胡椒粉调下底味，备用。

③ 牛肉酱热好，调味备用。

④ 把炒好的蝴蝶面放在深盘中，肉酱浇到面上，撒上芝士碎。

⑤ 放入180℃的焗炉中，将芝士碎焗融化并焗上色。

⑥ 最后用荷兰芹点缀即可。

主料

蝴蝶面	200克
牛肉酱	80克

调料

蒜蓉	8克
盐、白胡椒粉、荷兰芹各适量	
马祖里拉芝士碎	50克
黄油	10克

意大利肉酱面

制作时间
25分钟

难易度
★★

主料

熟实心面	230克
牛肉酱	80克

调料

蒜蓉　　盐、白胡椒粉、荷	
兰芹、芝士粉	各适量
黄油	10克

做法

① 煮熟的实心面入黄油蒜蓉锅炒一下，放少许盐、白胡椒粉调下底味，备用。

② 将牛肉酱热好，调味备用。

③ 把炒好的意面放在盘中，肉酱浇至面的上边。

④ 将芝士粉均匀地撒在肉酱上，用荷兰芹点缀即可。

台湾红烧牛肉面

制作时间 150 分钟 　　难易度 ★★★★

牛骨高汤材料

牛棒骨	1根（约1500克）
料酒	1大匙
京葱	1根
姜片	5片

红烧牛肉材料

牛腩肉	1500克
中等大小洋葱	1个
大蒜	8瓣
京葱（大葱）	1根
新鲜红辣椒	5~8个
八角	3粒
姜片	4~5片

调料

红油豆瓣酱	2大匙
小卤药包（内放桂皮、陈皮、小茴香、南姜、八角、香叶）	1包
生抽	4大匙
老抽	3~4小匙
花雕酒	2大匙
白胡椒粉	1小匙
冰糖	25克
植物油	1/2大匙

牛骨高汤做法

① 牛棒骨洗净，放入锅中，注入冷水，加入料酒、京葱（切段）、姜片，用中火煮开，再继续煮约5分钟。

② 直至牛骨里的血水都煮出来，取出牛骨冲洗净。

③ 取一只深锅，放入牛骨，加入葱、姜片，加水12碗。

④ 大火烧开后转小火，不要盖锅盖，炖3小时至汤剩一半的量即可。

红烧牛肉面做法

① 牛腩切成5厘米见方的块，洗净，中途要换3次水，捞出，控干水分。

② 将红椒切开一道口，洋葱切条，大蒜去皮，大葱切段，备用。

③ 炒锅内倒入植物油烧热，加入大蒜、京葱、红椒、八角，小火煸炒。

④ 煸炒至大蒜和香葱表面变得微黄，加入红油豆瓣酱，炒出香味。

⑤ 将炒好的香料和小卤包里的药材一起放入纱布袋内，扎紧口备用。

⑥ 炒锅洗净，重新放入油，小火烧热，加入洋葱炒出香味。

⑦ 加入牛腩块，用中火将肉块炒1分钟，至肉块表面变色。

⑧ 淋入花雕酒，加入生抽及老抽。

⑨ 加入清水和白胡椒粉，水面要高过肉2厘米，大火烧开后盖上锅盖，转小火焖煮90分钟。

⑩ 至用筷子可以扎入肉块，加入冰糖，盖上锅盖，小火焖煮约30分钟，至肉质变软即可。

⑪ 锅内烧开水，放入拉面，中火开盖煮，中途分3次加入半碗冷水，将面条煮熟。

⑫ 碗内倒入半碗牛骨高汤，加白胡椒粉、盐、味精，捞入面条，放上红烧牛肉及半碗牛肉汤汁，配上烫熟的青菜、酸菜，加蒜蓉辣酱少许即可食用。

干炒牛河

制作时间
20 分钟

难易度
★★

主料

沙河粉	600克
韭黄	120克
黄豆芽	120克
新鲜牛肉	150克

调料A

小苏打粉	1/8小匙
料酒	1/2大匙
蚝油	1大匙
生抽	2大匙
鸡蛋清	1/4个
水淀粉（玉米淀粉1小匙+清水1大匙）	

调料B

白糖	1.5小匙
生抽	2大匙
老抽	2小匙
鸡精	1/4小匙
盐	1/4小匙

调料C

植物油	2大匙
盐	少许

做法

① 牛肉逆着纹路切成薄片。

② 将牛肉加小苏打粉拌匀，腌制30分钟，依次加入调料A中的料酒、蚝油、生抽、水淀粉、鸡蛋清拌匀，腌制10分钟后加少许香油拌匀。

③ 韭黄洗净，切除底部较老的根，切成段。黄豆芽切除根部，备用。

④ 取一小碗，放入调料B中所有调料调匀，备用。

⑤ 炒锅里烧热少许油，放入黄豆芽和少许盐，大火炒10秒钟，再放入韭黄段炒10秒钟，盛出备用。

⑥ 炒锅烧热，倒入1大匙植物油，放入牛肉片滑炒至变色，盛出备用。

⑦ 炒锅洗净，烧热1大匙植物油，放入河粉，加入所有调料，翻炒至均匀上色。

⑧ 再加入事先炒好的韭黄、豆芽及牛肉片，开大火，颠炒均匀即可。

⑨ 如果不能颠锅，可以用筷子翻炒，一定不要用锅铲翻，不然很容易把粉炒碎。

五香酱牛肉汤面

制作时间
20分钟

难易度
★★★

主料

五香酱牛肉	150克
鲜面条	300克
胡萝卜	30克
黄豆芽	80克

调料

牛肉汤	适量
米醋	1茶匙
盐	1/2茶匙
香油	1/2茶匙
味精	1/8茶匙
胡椒粉	1/4茶匙

做法

① 所有材料都准备好，胡萝卜去皮切片。

② 把黄豆芽和胡萝卜放入开水锅中焯烫3分钟。

③ 捞出，用盐（1/4茶匙）、香油、味精拌匀。

④ 酱牛肉切成大片。

⑤ 锅内加足量的水烧开，放入面条煮熟。

⑥ 牛肉汤加适量面汤烧开，加胡椒粉和剩余的盐调味后，盛入碗中加醋调匀。

⑦ 再把面条捞入汤碗中。

⑧ 面条上依次放入胡萝卜片、黄豆芽、酱牛肉片，吃时拌匀即可。

贴心提示

· 煮面条和煮汤最好用两个锅同时进行，煮好后立即放入汤锅中，面条吃起来比较筋道。

· 汤中调味料的多少可以根据自己的口味添加。

牛肉酸辣粉

主料

牛肉	800克
干粉条	400克
豆腐皮	200克
蒜苗（青蒜）	50克

调料

生姜	20克
大葱	30克
黄酒	100克
醋	3汤匙
味精	1/2茶匙
胡椒粉	1/2茶匙
油泼辣子	适量

准备工作

1.牛肉洗净，切成大块。

2.蒜苗切小段。豆腐皮切丝。大葱切段。生姜切片。

3.粉条放入温水中泡软。

做法

① 牛肉放入凉水锅内，大火烧开至血沫浮起，捞出洗净。

② 牛肉放高压锅内，加水没过牛肉，再入葱段、姜片、黄酒。

③ 高压锅放到火上，大火烧开撇去浮沫，加盖，上汽后转小火煮30分钟，关火。

④ 煮好的牛肉捞出来，晾凉，切成肉粒。

⑤ 牛肉汤拣去葱姜，倒入炒锅内，再加水大火烧开。粉条放入漏网中，煮至透明，捞入碗中。

⑥ 豆腐皮也在牛肉汤中煮一下，捞入碗中。撒入切好的蒜苗。

⑦ 锅内的牛肉汤重新烧开，加入盐、胡椒粉、醋、味精调好味，盛入碗中。

⑧ 再放入适量油泼辣子。最后放入牛肉粒即可。

牛肉豆干炸酱面

制作时间 40分钟　　难易度 ★★★

牛肉豆干炸酱材料

牛肉	200克
豆腐干	100克
甜面酱	800克
豆瓣酱	500克
大葱末	60克
生姜片	5克
白糖	2汤匙
干淀粉	2茶匙
料酒	1茶匙
胡椒粉	1/4茶匙
盐	1/4茶匙
植物油	100毫升

主料

鲜面条	150克
萝卜苗	50克
熟花生碎	适量

调料

牛肉豆干炸酱	1汤匙
盐	1/4茶匙
白糖	1茶匙
米醋	1茶匙
香油	1/2茶匙
味精	1/4茶匙

牛肉豆干炸酱做法

① 牛肉切丁，加姜片、干淀粉、料酒、胡椒粉、盐。

② 用手抓匀，静置5分钟。

③ 豆腐干洗净，切成小丁，入五成热油锅炸制。

④ 炸至豆腐干表面微黄时捞出，备用。

⑤ 锅内再放入牛肉，小火炸至牛肉表面变色。

⑥ 放入甜面酱和豆瓣酱略炒，再放入豆腐干炒匀。

⑦ 放入白糖，小火炒至炸酱吐油。

⑧ 最后放入葱末，翻炒均匀即可。

炸酱面做法

① 萝卜苗洗净。倒入盐、白糖、米醋、味精、香油，拌匀。

② 锅内加水烧开，放入面条煮熟。

③ 捞入盘中，加入炸酱、萝卜苗、熟花生碎拌匀。

牛柳酸辣面

制作时间 25分钟　难易度 ★★

做法

① 牛肉切条，加绍酒、盐、白糖、胡椒粉、湿淀粉腌制15分钟。番茄切片，青椒切条。

② 汤锅内加清水烧沸，下入拉面煮8分钟至熟，捞出装碗中。

③ 起油锅烧热，放入牛肉煸炒至熟，加葱姜蒜末爆香，加入鲜汤，调入酱油、绍酒、醋、胡椒粉，待汤沸时下入番茄、青椒，离火，倒入面碗中，淋红油即可。

主料

拉面	250克
牛外脊肉、番茄	各80克
青椒	50克

调料

葱姜蒜末、酱油、绍酒、红油、白糖、醋、鲜汤、盐、湿淀粉、胡椒粉、植物油各适量

羊肉面

制作时间
25 分钟

难易度
★★

主料

面粉	300克
羊肉	75克
香菇、蒜苗	各20克

调料

盐、香油、辣椒油、甜面酱、香菜末、葱姜末、花生油各适量

做法

① 面粉加水和成面团，用擀面杖擀成薄面片，切成面条，煮熟，捞入碗中。

② 羊肉洗净，煮熟，捞出切丁。

③ 香菇泡发洗净，切丁。蒜苗洗净，切末。

④ 起油锅，下入葱姜末炝锅，加羊肉丁、香菇丁、蒜苗末稍炒，放入盐、香油、辣椒油、甜面酱和适量水炒成羊肉料汁，浇在面条上，撒香菜末即成。

孜然洋葱炒面

制作时间
25分钟

难易度
★★

做法

① 锅内加水烧沸，下入刀切宽面条，用筷子轻轻拨散，中火烧沸煮熟，捞出投凉，沥水。

② 将羊肉洗净，切成丝。

③ 锅内加油烧热，放入羊肉丝炒熟，下入孜然粉、辣椒粉、姜丝炒匀，再下入洋葱丝及青、红椒丝炒熟，放入刀切面条、盐、白糖、五香粉炒匀入味，出锅装盘即成。

主料

刀切宽面条	300克
羊肉	150克
洋葱丝	50克
青、红柿子椒丝	各30克

调料

孜然粉、辣椒粉、盐、白糖、五香粉、姜丝、植物油各适量

洋葱羊肉面

主料

宽面条	300克
羊外脊肉	100克
洋葱	50克

调料

酱油、绍酒、醋、白糖、盐、葱花、红油、胡椒粉、湿淀粉、鲜汤、植物油　各适量

做法

① 羊肉切片，加绍酒、酱油、胡椒粉、湿淀粉腌制10分钟。洋葱去老皮，洗净切丝。

② 汤锅内加清水烧沸，下入宽面条煮8分钟至熟，捞入碗中。

③ 炒锅置火上，加油烧热，放入羊肉片煸炒至七成熟，下入洋葱略炒，烹入绍酒，加入鲜汤，用醋、白糖、盐、红油调味，待汤沸时离火，倒入面碗中，撒入葱花即可。

羊肉鸡蛋面

制作时间
25 分钟

难易度
★★

做法

① 将羊肉去筋膜，洗净，切成细丝，入沸水中稍氽，捞出。蘑菇洗净，切片。

② 净锅置火上，加香油烧热，打入鸡蛋略煎后，盛入盘内。

③ 原锅加适量水，放入羊肉丝、面条、蘑菇片及姜片，待熟时再加入煎好的鸡蛋、盐、醋、胡椒粉，煮熟即成。

主料

面条、羊肉	各50克
鸡蛋	1个
蘑菇	适量

调料

香油、姜片、盐、胡椒粉、醋各适量

过油肉拌面

制作时间
25 分钟

难易度
★★

主料

面粉	250克
羊肉	50克
洋葱、番茄、扁豆	各30克

调料

盐、酱油、白糖、番茄酱、植物油　　　　　　　　各适量

做法

 将面粉用淡盐水和成面团，切成面剂子，刷上油，用保鲜膜包好，醒1小时；洋葱洗净，去老皮，切片；番茄洗净，去皮，切块；扁豆洗净，撕去筋膜，切开。

② 锅内入油烧热，下羊肉煸炒，加酱油、盐炒散，放入扁豆、洋葱、番茄翻炒，加白糖、番茄酱调味炒熟。

③ 将醒好的面剂子做成面条，煮熟捞出，浇上炒好的菜即可。

奶油菠菜意大利宽面

制作时间
40分钟

难易度
★★★

主料

意大利宽面	90克
菠菜叶	100克
鸡腿肉	100克

调料

大蒜	10克
橄榄油	20克
盐	适量
淡奶油	120克

做法

① 鸡腿肉切细条，用盐、黑胡椒腌制5分钟；大蒜切末。

② 起锅烧开水，加少许盐、油，放入意面煮8分钟。

③ 捞出意面后拌橄榄油，备用。

④ 起锅加油，炒香蒜末。

⑤ 先加入鸡肉炒熟，再加菠菜炒熟。

⑥ 然后加入意面、奶油，收汁，入盐调味，按图摆盘即可。

鸡丝凉拌面

制作时间
25分钟

难易度
★★

做法

① 面条下入开水锅中煮熟，捞出，摊在大盘里晾凉，淋上香油，用筷子挑拌均匀，装入碗中。

② 绿豆芽放开水锅中烫熟捞出，用凉开水冲凉，沥干水分，放到面条上，将鸡肉丝撒在豆芽上面。

③ 芝麻酱用水搅开。把芝麻酱、葱末、蒜泥、酱油、醋加入面条碗内，拌匀即可。

主料

细面条	100克
熟鸡丝	25克
绿豆芽	50克

调料

葱末、蒜泥、醋、酱油、芝麻酱、香油各适量

香菇鸡丝拉面

制作时间
25 分钟

难易度
★ ★

主料

拉面	200克
鸡脯肉	50克
香菇	30克

调料

鸡油、酱油、绍酒、盐、鸡粉、香油、鸡汤、葱姜末、香菜各适量

做法

① 鸡脯肉煮熟，切成小块，撕成细丝，加盐、香油拌匀。

② 香菇泡发，去蒂洗净，切小丁。

③ 香菜择洗干净，切段。

④ 锅内加鸡油烧热，放入葱姜末炝锅，烹绍酒，注入鸡汤，下香菇丁煮至汤沸，下入拉面煮8分钟至熟，加入酱油、盐、鸡粉、香油调好口味，出锅装碗中，撒上鸡肉丝和香菜段即可。

鸡丝炒面

制作时间
25分钟

难易度
★★

做法

① 鸡脯肉洗净，切成细丝，入热油锅中滑熟。

② 油菜洗净切丝。

③ 面条入沸水中煮至八成熟，捞出过凉。

④ 锅内加花生油烧热，下入葱花、姜丝、料酒、酱油
爆锅，再加入面条、鸡丝、油菜丝一同炒匀，加入
盐、胡椒粉调味，淋入香油即可。

主料

鸡脯肉	150克
面条	300克
油菜	50克

调料

葱花、姜丝、盐、料酒、胡
椒粉、酱油、花生油、香油
各适量

鸡丝木耳炒面

制作时间
25分钟

难易度
★★

主料

面粉	150克
鸡脯肉、水发木耳	各50克
鸡汤	75克
鸡蛋清	适量

调料

料酒、葱姜汁、盐、鸡精、
淀粉、植物油各适量

做法

① 面粉加凉水和成硬面团，醒透，擀成薄面片，切成面条，煮熟，捞出，投凉沥水。

② 水发木耳洗净，切成丝。

③ 鸡脯肉洗净，切丝，放入碗中，打入鸡蛋清，加淀粉拌匀上浆。

④ 锅内加植物油烧热，下鸡丝滑炒至熟，下木耳丝，烹入料酒、葱姜汁，倒入鸡汤，下面条、盐、鸡精炒匀入味即可。

鸡丝凉面

制作时间
20 分钟

难易度
★★★

主料

面条	220克
鸡胸肉	80克
黄瓜	1根
胡萝卜	1/2根

调料

花生酱	1.5大匙
芝麻酱、生抽、砂糖各1大匙	
陈醋3大匙，鸡精、香油、	
辣椒红油	各1/2大匙
特细辣椒粉	1小匙
日本芥辣酱1/2小匙（挤两小段即可）	
色拉油	适量
蒜	3瓣
芝麻、植物油	各适量

准备工作

黄瓜、胡萝卜均洗净，切丝。

做法

① 锅入水烧开，放入面条煮至水再次沸腾，中途加两次凉水将面条煮软。

② 将煮好的面条马上捞出，用凉水冲洗几次，散去热气。

③ 提前准备好一盆装有冰块的冰水，将面条放入冰水中浸2~3分钟。

④ 将面条捞出，沥干，倒入适量色拉油，拌匀，放冰箱冷藏。

⑤ 鸡胸肉冷水下锅煮熟，捞出冲凉后，撕成细丝。

⑥ 将芝麻酱、花生酱放入碗中，加2大匙凉开水搅成糊状。

⑦ 调入生抽、陈醋、砂糖、鸡精。

⑧ 最后加入香油、辣椒粉、芥辣酱，搅拌均匀，做成面酱。

⑨ 喜稠的就少加点水，喜稀的就多加点水。

⑩ 把面条从冰箱取出，放入切好的黄瓜丝、胡萝卜丝、鸡丝，吃时淋上酱料、辣椒红油即可。

贴心提示

· 做凉面时面条不能久煮，面条放入水中，水沸腾后马上加半碗冷水，再沸腾后再加半碗水，至水再次沸腾即可将面条捞出。

· 用水冲面条和用冰水浸泡面条时，动作要快，不能让面条在水内久浸。

鸡翅香菇面

制作时间
25分钟

难易度
★★

做法

① 锅置火上，加入清水旺火烧沸，下入家常切面，煮6分钟至熟，捞出放在碗中。

② 锅内放植物油烧热，用葱、姜末炝锅，烹绍酒，加鸡清汤、酱鸡翅、香菇、盐、味精，旺火煮至汤沸，下入西芹段，关火，倒入碗中即可。

主料

家常切面	200克
酱鸡翅	1对
西芹	100克
水发香菇	适量

调料

植物油、葱末、姜末、盐、味精、绍酒、鸡清汤各适量

第四章

水产面条 鲜味扑鼻

有水产品作为配菜的面条，
滋味和平常的面条还是有差别的。
但从技术层面看，
难度稍大，
需用功学习，
多实践。

豆瓣鱼拌面

制作时间
25 分钟

难易度
★★

做法

① 草鱼洗净切块，加盐、味精、胡椒粉、淀粉拌匀，放热油锅中炸熟。青辣椒洗净切丁，葱切末，蒜去皮切片。

② 锅置火上，放油烧热，爆香葱末、蒜片，放入青辣椒丁、辣豆瓣酱炒匀，加炸好的鱼拌炒，再与煮好的面条拌食即可。

主料

面条	250克
草鱼中段	1块

调料

葱、青辣椒、蒜、辣豆瓣酱、盐、淀粉、胡椒粉、味精、植物油各适量

激情意大利面条

制作时间
30分钟

难易度
★★

主料

意大利面条	600克
油浸欧洲鳀	6条
去核的黑橄榄	200克
大蒜	2瓣
盐渍水瓜纽	1汤匙
番茄	6个
小红辣椒	1个

调料

特级橄榄油	6汤匙
盐、香菜	各适量

做法

① 番茄去皮、籽，并去掉多余的汤汁，切成小块（或用叉子碾碎）。橄榄横切成片，小红辣椒切片，大蒜切碎。

② 从油浸鱼罐头里取出欧洲鳀，在平底锅里倒入橄榄油，放入大蒜末、欧洲鳀和辣椒碎片，小火翻炒，同时用叉子将欧洲鳀压碎。盐渍水瓜纽洗去盐，切碎后放入锅里，倒入番茄块、橄榄片，翻炒均匀，调中火慢炖10分钟左右。

③ 深锅里加水煮沸，加适量盐，放入面条，煮10分钟左右。其间将香菜切碎末。待面一熟，捞起控水，倒入炒好酱汁的平锅里再翻炒1分钟，熄火后撒上香菜末，盛盘即可。

奶汤鱼肉面

制作时间 25分钟　难易度 ★★

做法

① 草鱼宰杀治净，剔下两侧鱼肉，切成0.5厘米厚的大片，加干淀粉、料酒和盐拌匀腌渍；鱼头和鱼骨均剁成块状，用沸水氽一下。

② 炒锅上火，放色拉油烧热，下姜片、葱节和肥肉片炒香，放鱼头、鱼骨煸炒一会，烹料酒，加入清水。

③ 用旺火滚约8分钟至汤汁乳白时，下鱼肉片煮熟，加盐、白胡椒粉调味，即可离火。

④ 与此同时，把扁面条煮熟，捞在大碗内，先舀入一大勺鱼汤，再放上适量鱼肉，滴香油，撒香菜段，即成。

主料

湿扁面条	500克
鲜草鱼	1尾（约重650克）
香菜	20克
肥肉片	适量

调料

盐、白胡椒粉、干淀粉、料酒、色拉油、姜片、葱节、香油、香菜段各适量

鱼丸炒面

制作时间
25分钟

难易度
★★

主料

油面	200克
鱼丸	150克
油菜	2棵
洋葱条	50克

调料

大蒜碎15克，姜末15克，小辣椒段30克，鱼露、盐、蚝油各适量，色拉油15毫升

做法

① 将鱼丸从中间切开，一分为二。油菜择洗干净，从中间切开备用。

② 平底锅中放入色拉油，待油热后放入洋葱、姜、蒜和辣椒段，大火煸炒出香味，放入鱼丸和油菜，略炒1分钟，放入蚝油继续煸炒。

③ 待鱼丸成熟后放入面条及少许盐、鱼露调味。

④ 快速翻炒使所有食材混合均匀即可食用。

133

鲑鱼面

制作时间
25 分钟

难易度
★ ★

做法

① 鲑鱼洗净，用滚水汆烫至熟，取出后用筷子剥成小片，将鱼刺去除干净。

② 高汤倒入锅中加热，再放入鲑鱼肉煮滚，加少许盐调味。

③ 面条煮熟盛碗中，倒入鲑鱼肉汤，淋入香油即可。

主料

鲑鱼肉	50克
面条	30克

调料

高汤	200毫升
盐、香油	各适量

虾鳝面

制作时间 25分钟　难易度 ★★

主料

面条	200克
虾仁	50克
去骨鳝鱼片	25克

调料

清汤	750毫升

蛋清、湿淀粉、盐、植物油、葱姜丝、酱油、料酒、香油各适量

做法

① 将虾仁洗净，加盐、蛋清和湿淀粉搅匀，下入热油锅中炒熟。

② 鳝片洗净，沥干，切段，下入热油锅中炒2分钟，至黄亮香脆时，盛出沥油。

③ 锅底留油，下入葱姜丝煸香，加入鳝片和虾仁，再加酱油、料酒、清汤，烧开后下入面条煮熟，盛入碗中，淋上香油即可。

吞拿鱼菠菜宽面

制作时间 20分钟　难易度 ★

做法

① 起锅烧开水，加少许盐、油，放入意面煮8分钟。

② 捞出意面，拌橄榄油，备用。

③ 大蒜、蘑菇均洗净切片；菠菜洗净，去茎留叶；吞拿鱼沥油。

④ 起锅加油，炒香蒜片、蘑菇片。

⑤ 之后加入吞拿鱼肉炒香。再加入菠菜炒熟。

⑥ 最后加入意面翻炒，入盐调味，按图摆盘即可。

主料

意大利宽面	90克
菠菜叶	100克
吞拿鱼罐头	100克

调料

大蒜	10克
橄榄油	20克
盐	适量
蘑菇	60克

吞拿鱼烩意粉

制作时间
20 分钟

难易度
★

主料

吞拿鱼	100克
意粉	150克
洋葱丝	20克
彩椒丝	50克
白菌	20克

调料

黑水榄	10克
白汁	100克
牛油	5克

做法

① 洋葱、彩椒均切粗条，白菌、黑水榄均切片，备用。

② 牛油起锅，炒香洋葱、彩椒，倒入煮熟的意粉，炒透。

③ 再倒入白菌、黑水榄、白汁、2/3吞拿鱼烩至入味。

④ 意粉烩好后盛入盘内，表面撒上剩余的吞拿鱼即可。

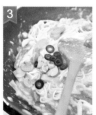

咖喱鱼丸意面

制作时间 20分钟　　难易度 ★

主料

意大利超细幼身面	90克
鲷鱼	100克
菠菜	50克
杏鲍菇	10克

调料

咖喱	20克
橄榄油	20克
盐	适量
胡椒粉	适量

做法

① 鲷鱼洗净切块，杏鲍菇切小粒。鱼肉放入搅拌机打成泥。

② 菠菜洗净，烫熟，切丝。将鱼泥、菠菜、杏鲍菇、盐、胡椒粉搅拌均匀后做成鱼丸。

③ 起锅烧开水，放入鱼丸煮5分钟后捞出，备用。

④ 另起锅加水，化开咖喱块。再放入鱼丸，烧入味。

⑤ 再另起锅烧开水，加盐、油，放入意面煮5分钟，捞出后拌橄榄油。

⑥ 取盘，用筷子卷面，按图摆放。最后摆上鱼丸，淋上咖喱汁即可。

墨鱼黑汁面

制作时间
20分钟

难易度
★

主料

意大利面条	400克
墨鱼	2条
番茄	300克
蒜	2瓣
小红椒	1个

调料

特级橄榄油3汤匙，香菜末、盐各适量

做法

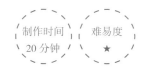

① 墨鱼洗净，把其黑汁囊小心地摘下来备用（注意别弄破了），墨鱼肉切成条。平锅里倒入橄榄油，放入切碎的大蒜，加入部分香菜末和小红椒。

② 用小火煎香后放入墨鱼条，翻炒至出香上色。

③ 锅里再倒入切成小块的番茄，加盐，盖上锅盖，调中火炖15分钟（中间搅拌一下），放入墨汁袋，再炖10分钟左右，关火，墨鱼酱汁即完成。把煮好的面条倒进锅里，翻拌均匀，撒上剩余的香菜末即可。

全家福汤面

制作时间
25分钟

难易度
★★

做法

① 将水发海参、大虾仁洗净，带子、口蘑、香菇洗净切片，一同入沸水中氽一下，捞出沥水。

② 锅内加清水烧沸，下入切面煮熟，捞入碗中。

③ 炒锅上火，加油烧热，下葱段、姜片炝锅，烹绍酒，加鲜汤，下入海参、大虾仁、带子、口蘑、香菇、油菜心及鱼露、盐，汤沸即离火，倒入面碗中，淋辣椒油即可。

主料

家常切面	200克
水发海参	30克
大虾仁、带子	各25克
口蘑、水发香菇	各15克
油菜心	20克

调料

鱼露、绍酒、盐、红辣椒油、葱段、姜片、鲜汤、植物油各适量

虾仁炒面

制作时间
25 分钟

难易度
★★

主料

细圆面条	100克
鲜虾仁	8个
圣女果	4个

调料

鲜汤　　　　　　　150克

蒜末、黑胡椒粉、料酒、酱油、鸡精、植物油各适量

做法

① 将面条煮熟捞出，用凉开水过凉，控干水分。

② 圣女果洗净，对切成两半。

③ 虾仁挑去沙线，洗净。

④ 炒锅放油烧热，下入虾仁煸炒，至六成熟时，加入圣女果和鲜汤、料酒、酱油，倒入面条拌炒均匀。炒至汤汁快收干时，放入蒜末、黑胡椒粉、鸡精，拌炒均匀即成。

葱油虾仁面

制作时间 25分钟　难易度 ★★

做法

① 将虾仁洗净，切碎末。葱白洗净，切成葱花。

② 炒锅置火上，加油烧热，下入葱花炝锅，加入虾仁末炒一下，再加入酱油、白糖，略炒几下出锅。

③ 将面条煮好，捞入盛有酱油、盐的碗里，调匀，再将炒好的虾仁末倒入面条碗内即成。

主料

细面条	100克
虾仁	50克
葱白	100克

调料

植物油、酱油、白糖、盐、淀粉各适量

关东饺子面

制作时间
25 分钟

难易度
★★

主料

拉面	300克
鲜虾	2只
白肉	4片
菠菜	2棵
鸡蛋	1个
葱	1根
猪骨高汤	1大碗

调料

精盐	适量

做法

① 用半锅水将面煮熟，捞出后放入鲜虾烫熟。另一只锅内放高汤烧开，加精盐调味后盛入大碗内，放入面条及烫熟的鲜虾。

② 另烧半锅水，水开后打入鸡蛋，煮成荷包蛋捞出。菠菜洗净，切小段，烫熟，捞入碗内。

③ 放入白肉片，撒上葱花即成。

开胃酸辣凉面

制作时间 20分钟

难易度 ★★★

主料

面条	250克
鲜红椒、番茄	各1个
鲜虾仁	10个
黄瓜	1根
黄豆芽	40克

调料

海天生抽、陈醋、砂糖各2大匙	
鲜榨柠檬汁	2.5大匙
辣椒红油、香油、李锦记番茄酱	各1大匙
蒜蓉	1小匙
香菜	适量

做法

① 鲜虾仁用盐腌制10分钟，番茄切丁，黄瓜切丝，香菜切碎，红椒切成圈，黄豆芽择除根部。

② 锅内烧开水，将面条放入锅内煮至水沸腾，再加入半碗凉水，如此反复两次直至面条煮熟。

③ 将煮好的面条捞出，用凉水冲冷后，浸入冰水中约5分钟，捞起沥干水分。

④ 用煮面条的开水将虾仁、黄豆芽分别焯熟，同样浸入冰水中过凉，捞起沥干水分。

⑤ 将所有调料放入碗中，倒入3大匙凉开水调匀，做成凉面料汁。

⑥ 将面条盛入碗内，放上虾仁、黄瓜丝、番茄丁、黄豆芽，再淋上凉面料汁，拌匀即可食用。

贴心提示

· 煮面条时不要煮得过软，通常加两次冷水即可，煮得过软吃起来没有嚼劲。

· 番茄酱是这款凉面的特色，不能用其他调料替换，柠檬汁没有也可以不用。

· 做料汁时，可以一边尝一边下调味料，直至调成自己喜欢的口味即可。

蓝花大虾卤面

制作时间
25 分钟

难易度
★★

做法

① 将西蓝花洗净，掰成小朵。

② 锅内加水烧沸，下入挂面，中火煮熟，捞出，投凉，捞入碗内。

③ 大虾洗净，挑去沙线。

④ 锅内注入鲜鸡汤，下葱姜汁、盐、大虾、西蓝花烧沸，加入胡椒粉搅匀，用淀粉勾芡，淋入香油，出锅浇在煮熟的面条上即成。

主料

荞麦挂面	200克
大虾、西蓝花	各50克

调料

盐、胡椒粉、鸡精、淀粉、香油各适量

鲜鸡汤	150毫升
葱姜汁	10克

扒大虾全蛋面

制作时间 25分钟　　难易度 ★★

主料

大虾	2只
全蛋面	200克
芦笋	80克

调料

橄榄油、罗勒、盐、黑胡椒碎、柠檬汁各适量

黄椒	10克
红椒	10克
大蒜末	15克

做法

① 将面条煮熟，过凉备用。

② 大虾去除沙线和虾皮，洗净，用盐和柠檬汁腌制后，扒熟备用。

③ 芦笋、黄椒和红椒分别洗净，切成象眼片备用。

④ 锅内放入橄榄油，油热后放入大蒜炒香，随后放入青菜略炒，放入面条，不停翻炒，加入盐和黑胡椒碎调味。

⑤ 装入盘中，大虾放至面上，用罗勒点缀即可。

鲜虾酱汤面

制作时间 20 分钟

难易度 ★★★

主料

活海虾	100克
炸肉酱	2大匙
鲜面条	140克
生菜叶	50克

做法

① 海虾用牙签挑出虾线，洗净备用。

② 生菜洗净，切成丝。

③ 锅内加水烧开，放入2大匙炸肉酱搅拌均匀。

④ 大火煮2分钟，使酱的香味充分融入到汤中。

⑤ 面条下入锅中，用筷子轻轻搅拌，煮至面条浮起。

⑥ 放入海虾煮2分钟，再放入生菜丝，关火，捞出面条盛入碗中即可。

贴心提示

· 锅中的酱汤要多煮几分钟味道才香浓。

· 鲜虾不能过早入锅，以免虾肉变老，影响口感。

龙虾意大利面

制作时间 80分钟　难易度 ★★

主料

意大利直身面	90克
龙虾	200克
龙虾汁	100克
松露	20克
节瓜	30克

调料

大蒜	10克
洋葱末	20克
帕马森芝士碎	10克
橄榄油	20克
盐	适量
白葡萄酒	10克
意大利芹末	1克

做法

① 节瓜切细条，大蒜、洋葱均切碎，松露切薄片。

② 龙虾洗净，剪成块，撒盐。

③ 起锅烧开水，加少许盐、油，放入意面煮8分钟。

④ 捞出意面后拌橄榄油，备用。

⑤ 起锅加油，炒香蒜末、洋葱末、龙虾，喷葡萄酒收干。

⑥ 再加入节瓜、松露炒香，然后加龙虾汁、意面一起搅拌收汁，入盐调味，按图摆盘，撒芝士、意大利芹末即可。

虾仁蔬菜意大利面

制作时间 20分钟　难易度 ★

主料

主料	
意大利面	80克
虾仁	5个
小番茄	3个
黄椒	1片
红椒	1片
洋葱	20克
紫甘蓝	20克

调料

辣椒粉、白胡椒粉、橄榄油、盐各少许

做法

① 去除虾仁背上的虾线；意大利面煮熟（煮9分钟左右，水中放入盐和橄榄油）；小番茄切半；彩椒切成丝状；洋葱切成长4厘米左右的丝。

② 起锅入油，加热后炒香洋葱，再放入彩椒丝。

③ 之后加入虾仁，不宜炒太久，否则虾仁会变老，口感不好，为了去除腥味，可适量加入些白葡萄酒。

④ 然后把煮好的意大利面放入锅中与蔬菜虾仁混合在一起，入盐、白胡椒粉和辣椒粉调味，最后装盘，做好装饰。

青口贝虾仁配意面

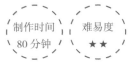

制作时间
80 分钟

难易度
★★

主料

意大利宽面	80克
青口贝	3个
扇贝	2个
胡萝卜	30克
西蓝花	30克
小番茄	3个
蘑菇	20克
紫甘蓝	20克
大番茄	2个

做法

① 深锅中加水，将意大利宽面煮熟；西蓝花洗净，切成小块；小番茄切成四瓣；胡萝卜、紫甘蓝、洋葱均切长5厘米左右的丝；蘑菇切成小块；青口贝彻底洗净里面沙子；大番茄煮熟后打成泥，备用。

② 锅烧热后，先炒香洋葱和大蒜，随后放入小番茄，不要炒得太久。

③ 之后依次放入切好的胡萝卜丝和紫甘蓝丝。

④ 起锅，把洗净的青口贝用白葡萄酒和白胡椒粉腌制后煎熟，喷入白葡萄酒，再加入扇贝。

⑤ 把煮好的意大利宽面倒入锅中，加入弄碎的番茄泥，均匀搅拌。

⑥ 然后放入辣椒粉、盐和白胡椒粉调味，装盘后装饰即可。

海鲜茄汁车轮面

制作时间 25分钟 | 难易度 ★★

主料

鲜鱿鱼、大虾、青口、番茄汁各150克	
车轮面	230克
圣女果	10克
去核黑橄榄	5个

调料

橄榄油15毫升，白干葡萄酒10毫升，大蒜10克，罗勒叶2片，巴马臣芝士粉30克，盐、黑胡椒各适量

做法

① 将所有海鲜洗净。鱿鱼切圈，大虾去沙线。

② 大蒜洗净剁碎，罗勒叶洗净备用。

③ 面条放在开水中煮8分钟捞出，沥干水分备用。

④ 锅内放入橄榄油，油热后放入大蒜，炒香放入海鲜，用大火炒约3分钟，加入干白葡萄酒，待酒精完全挥发后加入面条、黑橄榄和番茄汁。翻炒2分钟，放入芝士粉、盐和胡椒粉翻炒均匀。

⑤ 最后放上罗勒点缀即可。

蛤蜊韭菜拌面

制作时间
50分钟

难易度
★★★

主料

花蛤蜊	500克
韭菜	200克
红尖椒	2个
鲜面条	300克

调料

盐	1/2茶匙
胡椒粉	1/4茶匙
味精	1/4茶匙
香油	1茶匙

做法

① 花蛤蜊清洗干净，放入开水锅内煮至开口。

② 捞出蛤蜊，剥出蛤蜊肉，用清水洗净泥沙。

③ 将煮蛤蜊的水过滤后倒入碗中，放入煮好的蛤蜊肉浸泡。

④ 韭菜洗净切段，红尖椒切丁。

⑤ 起油锅，放入韭菜略炒。

⑥ 再放入沥干的蛤蜊肉和红尖椒丁，加盐快速翻炒至韭菜八成熟。

⑦ 加胡椒粉及味精调味，盛出。

⑧ 鲜面条放入开水锅内煮熟。

⑨ 捞出面条用凉水过凉，沥干水分后用香油拌匀。

⑩ 面条盛入碗中，加上炒好的花蛤蜊炒韭菜拌匀即可。

贴心提示

· 蛤蜊韭菜一定要大火快炒，韭菜炒至断生即可，不要炒过，否则品相和口感会变差。

· 炒菜和煮面条最好同步进行，这样煮制出的面条口感更好。

带子天使之法

制作时间 40分钟　难易度 ★★★

主料

超细幼身意面	90克
带子	100克

调料

大蒜	5克
自制番茄酱	80克
罗勒叶	1克
橄榄油	20克
盐	适量
胡椒粉	适量

做法

① 起锅烧开水，加少许盐、油，放入意面煮5分钟，捞出后拌橄榄油。

② 加热自制番茄酱。将罗勒叶洗净，切丝。

③ 起锅加油，放入带子，撒盐、胡椒粉煎至金黄色，保温备用。

④ 大蒜切末，另起锅加油，炒香蒜末。

⑤ 再加入意面炒香，用盐、胡椒粉调味。

⑥ 最后用筷子卷起意面摆在盘中，放上带子，淋番茄酱，撒罗勒丝即可。

鲜茄海鲜面

制作时间
20分钟

难易度
★★

主料

虾仁	75克
墨鱼仔	30克
青口贝	30克
鱿鱼须	30克
带子	30克
意粉	150克
蛋黄	30克
白菌	10克
洋葱	20克
彩椒	30克
黑橄榄	5克
什香草	1克
鲜茄汁	100克
牛油	5克

调料

胡椒粉	5克
柠檬汁	10克
姜汁	5克
白酒	10克
生粉	20克
盐	少许

做法

① 将海鲜用腌料腌制30分钟，汆水至熟，备用。洋葱、彩椒均切粗条，白菌、黑橄榄均切片。

② 牛油起锅，炒香洋葱、彩椒，倒入煮熟的意粉、白菌、黑橄榄。再加入海鲜、鲜茄汁，烩至入味即可。

鲜茄海鲜烩意粉

制作时间
40分钟

难易度
★ ★ ★

主料

意大利细长通心面	90克
阿根廷红虾	50克
自制番茄酱	60克
青口贝	60克
大蒜	10克
鱿鱼	50克
小鲍鱼	30克
洋葱碎	10克

调料

橄榄油	20克
盐	适量
白葡萄酒	10克
罗勒叶	4克
胡椒粉	适量

做法

① 起锅烧开水，加少许盐、油，放入意面煮8分钟。

② 捞出意面，拌橄榄油备用；大蒜、洋葱均切末；罗勒切丝；海鲜洗净，开花刀。

③ 另起锅加油，炒香蒜末。

④ 再加入海鲜煎熟，喷酒收汁，撒盐、胡椒粉、罗勒丝调味。

⑤ 再另起锅加热番茄酱。然后加入意面搅拌。

⑥ 取盘，用夹子把面堆在盘中。按图把海鲜摆靠在意面旁即可。

烧烤鱿鱼弯管面

制作时间
40分钟

难易度
★★★

做法

① 起锅烧开水，加少许盐、油，放入意面煮5分钟。

② 捞出意面后拌橄榄油，备用。

③ 大蒜切碎，萝卜切片，鱿鱼洗净。

④ 鱿鱼加入烧烤汁腌制15分钟。

⑤ 然后将鱿鱼放入烤箱以180℃烤15分钟，取出保温备用。

⑥ 另起锅加油，炒香蒜末、蟹味菇、萝卜。

⑦ 再加入意面翻炒，加盐、胡椒粉调味。

⑧ 取盘按图摆盘，淋烤鱿鱼汁即可。

主料

意大利直纹短管面	90克
鱿鱼	120克
大蒜	120克
彩椒	40克
小萝卜	20克
蟹味菇	50克

调料

橄榄油	20克
盐	适量
胡椒粉	适量
意大利芹	1克
烧烤汁	60克